欢欢嘻嘻隧道奇遇记

——发生在遇见二十四节气小仙女之前的故事

欢欢和嘻嘻进入时空隧道后，并没有马上见到二十四节气小仙女，而是被一道大门拦住了。接下来会发生什么呢？他们能打开大门吗？

中华书局

刚进隧道, 欢欢和嘻嘻就被一道门给拦住了。只见上面写着一行字:

二十四节气是怎么来的?

欢欢和嘻嘻正发愁时, 瞥见旁边有本书, 一打开, 居然出现了讲解员的身影! 他俩赶紧请讲解员帮忙。

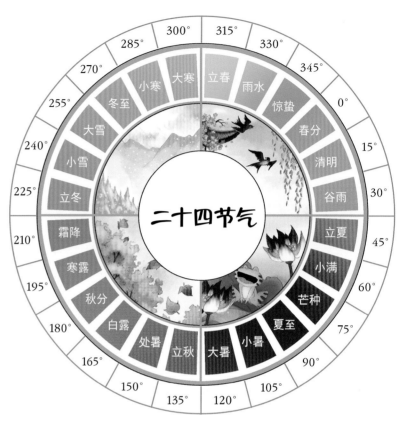

外圈标的数字是节气对应的太阳到达的黄经度数, 也就是太阳在天球中的位置。二十四节气就是根据黄经度数来划分的, 从春分开始, 每15° 一个节气。

讲解员: 几千多年前, 生活在黄河流域的古人经常观察太阳的运动。这是因为古人主要靠种地养活自己, 农时季节对庄稼的收成影响很大。在一年又一年的耕作和对气候变化的观察中, 聪明的古人逐渐掌握了太阳运行的规律。他们立木为杆, 通过测量日影确定了冬至、夏至和春分、秋分, 后来逐渐划定了二十四节气。公元前137年, 二十四节气就完全确立了。公元前104年, 二十四节气已经编入了历法。如果换算成人的年龄, 它已经两千多岁了呢!

春 夏 秋 冬

嘻　嘻：那其他节气表示什么呢？

讲解员：除了标志季节的变化外，有些节气还记录气温的变化，比如小暑、大暑，是天气非常炎热的时候；小寒、大寒，是天气十分寒冷的时候。而且，古人特别重视降水量的变化，因为庄稼需要水分才能更好地生长，所以有雨水、谷雨、小雪、大雪等节气。

欢　欢：二十四节气里的春夏秋冬，是怎么划分的呢？

讲解员：立春、立夏、立秋、立冬，前面都有个"立"字。立，有立刻、马上的意思，立春就是马上进入春天，带"立"的节气表示四季的开始。

嘻　嘻：那春分、秋分呢？

讲解员：分，在这里是"昼夜平分"的意思，春分在上半年，秋分在下半年。

欢　欢：哦，明白了。那夏至和冬至呢？

讲解员：至，在这里是"最"的意思。夏至，太阳直射北回归线，北半球太阳最高，白天最长。冬至，太阳直射南回归线，北半球太阳最低，白天最短。

讲解员说完后，大门不但没开启，门上反而又有了新的问题：

什么是七十二候？

欢欢和嘻嘻一脸茫然地看向讲解员。

讲解员：经过长时间的观察，古人发现气候的变化对动植物和其他自然现象的影响非常明显，于是他们根据一些动植物或者自然现象随气候变化表现出来的特点，又发明了七十二候。

嘻　嘻：什么是候？

讲解员：候，这里指的是候应。七十二候，就是人们观察到的动植物等自然现象随气候变化的七十二种情况，包括植物发芽、开花、结果的变化，动物什么时候苏醒、什么时候活动等等。

欢　欢：那七十二候跟二十四节气有什么联系呢？

讲解员：古人把七十二候跟二十四节气对应起来：两个节气之间有十五天，五天为一候，每个节气后面有三候，一年有七十二候。每候有一个候应。这样一来，人们对季节的变化就了解得更细致了。

嘻　嘻：哇哦，古人好有智慧啊！

欢　欢：快看，大门开啦！

欢欢和嘻嘻激动地跳了起来，这时讲解员说："希望你们能把二十四个小仙女都找回来，祝你们顺利哟！"话音刚落，讲解员就消失了。

二十四节气歌

春雨惊春清谷天，夏满芒夏暑相连。

秋处露秋寒霜降，冬雪雪冬小大寒。

每月两节不变更，最多相差一两天。

上半年来六廿一，下半年是八廿三。

注：上半年的节气基本在每个月的 6 日和 21 日，
　　下半年的节气基本在每个月的 8 日和 23 日。

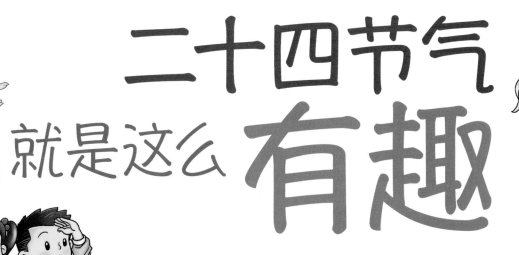

二十四节气

就是这么 有趣

给孩子的节气小百科

严美鹏 文
苏 凝 绘

中华书局

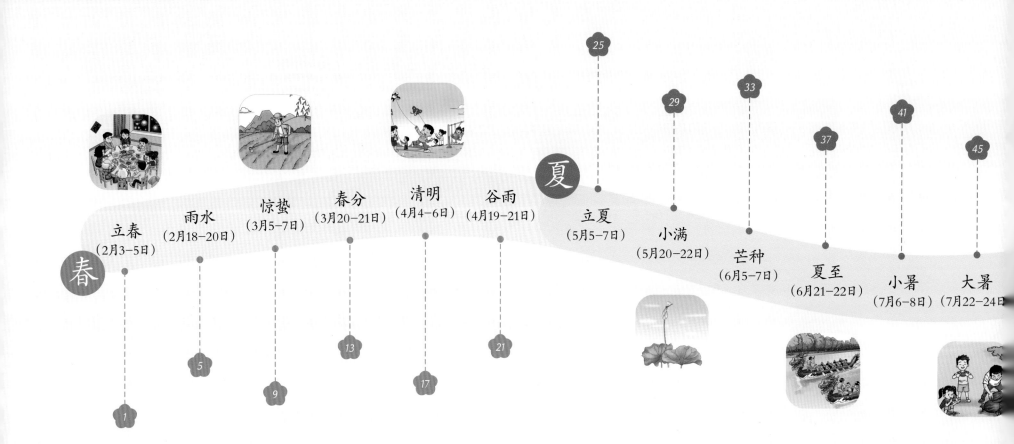

春

立春
（2月3-5日）

雨水
（2月18-20日）

惊蛰
（3月5-7日）

春分
（3月20-21日）

清明
（4月4-6日）

谷雨
（4月19-21日）

夏

立夏
（5月5-7日）

小满
（5月20-22日）

芒种
（6月5-7日）

夏至
（6月21-22日）

小暑
（7月6-8日）

大暑
（7月22-24日）

1

5

9

13

17

21

25

29

33

37

41

45

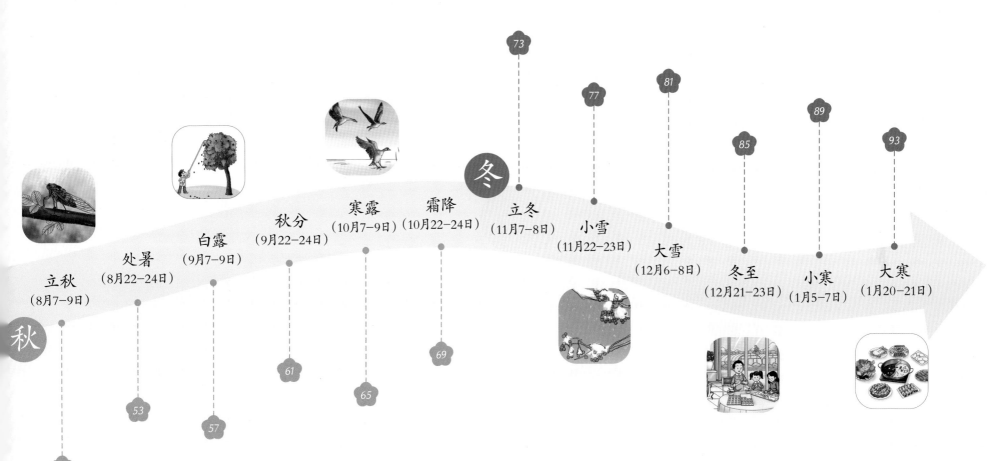

秋

冬

立秋
(8月7-9日)
49

处暑
(8月22-24日)
53

白露
(9月7-9日)
57

秋分
(9月22-24日)
61

寒露
(10月7-9日)
65

霜降
(10月22-24日)
69

立冬
(11月7-8日)
73

小雪
(11月22-23日)
77

大雪
(12月6-8日)
81

冬至
(12月21-23日)
85

小寒
(1月5-7日)
89

大寒
(1月20-21日)
93

欢欢和嘻嘻相约去参观二十四节气博物馆。在参观的时候，他们发现大厅里有一个红色的按钮，好奇的欢欢马上按了下去。结果，二十四节气全都消失了！一个神仙姐姐从幽深的隧道里飘然而至。

贪玩的二十四节气小仙女出走啦！你们需要进入这个时空隧道，找到她们，并劝她们回来，二十四节气才能回来哟。对了，她们很喜欢问问题，你们要做好准备哦！

欢欢　　嘻嘻

立春

(2月3日—5日)

我是立春小仙女，只有回答出我的问题，我才会回去！我先给你们介绍一下"立春"这个节气吧。认真听，问题随时会出现哟！

修剪果树很有学问，要剪去长得细弱、生了病虫害的或者已经枯死的果枝，保留能结果的壮枝。

立春一到，春天就开始啦！万物都从冬日的寒冷中逐渐苏醒，但这时候天气还没有完全暖和过来，偶尔也会降温甚至下雪。

将积雪铲进农田，可以增加土壤水分。

我是第一个知道江水变暖和的哟！

立春三候

一候东风解冻

　　仔细感受，会发现立春后风儿变得温柔了，那是从东边吹过来的温暖的和风。土壤慢慢解冻，河面的冰块逐渐融化。所以立春后就不能到河面上滑冰了，会有危险。

二候蛰虫始振

　　在寒冷的冬天，青蛙、蛇等动物会藏起来不吃东西，也不动弹，这就是"蛰"。立春过后，它们感受到天气变暖，会时不时动一动身子。

三候鱼陟负冰

　　河面的冰层还没有完全化开，但水里的鱼儿已经活跃了起来。它们会从水底浮上来，在河面上游来游去，"陟"就是从低处往高处走。不过，这时候冰块还没完全融化，所以看起来像鱼儿驮着冰块似的。"负"，就是背着的意思。

迎春花

连翘

迎春花开

　　迎春花用鹅黄色的小喇叭最先迎接春天的到来，跟它花色相似的是连翘，连翘开花比迎春花稍晚。仔细观察花枝和花瓣，你能分清它俩吗？

樱花灿烂

　　早樱指开得比较早的樱花，再过些日子，晚樱也会开花。早樱和晚樱不只是开花时间不同，开出的花也不一样。早樱的花是单瓣的，能结出小樱桃。晚樱的花是重瓣的，一般不结果实。

晚樱

树干上有横纹

花柄

花瓣上有小缺口

早樱

汉字里的立春

| 甲骨文 | 金文 | 小篆 | 隶书 | 楷书 |

甲骨文的"立"像一个人站在地面上，"立"最初的意思就是站立，后来又引申出建立、设立等含义。

| 甲骨文 | 金文 | 小篆 | 隶书 | 楷书 |

甲骨文的"春"，左边的正中间是一个太阳，太阳的上边和下边是草，表示在阳光的照射下，小草渐渐长了出来。右边像草冲破土壤艰难生长的样子，它其实是个"屯^{zhūn}"字，表示"春"的读音。

立春前后的重要节日：春节

古诗词里的立春

春雪

〔唐〕韩愈

新年都未有芳华，二月初惊见草芽。
白雪却嫌春色晚，故穿庭树作飞花。

立春日禊^{xì}亭偶成

〔宋〕张栻^{shì}

律回岁晚冰霜少，春到人间草木知。
便觉眼前生意满，东风吹水绿差^{cī}差^{cī}。

我们现在熟悉的春节，在古代称作"元旦"。"元旦"一词有非常美好的寓意。"元"是开始的意思，"旦"的字形像太阳从地面升起。新年第一轮太阳升起的时候，就是新年的第一天。1912年改用公历后，把公历的1月1日称作"元旦"，农历的正月初一则改称"春节"。

立春美食

咬春

咬春指的是啃萝卜、吃春饼等。立春时节，萝卜正当季，脆甜爽口。吃春饼则是将炒熟的豆芽、韭菜等用薄饼卷起来吃。

俗语谚语里的立春

一年之计在于春

春天是一年农事的开始，对农民来说至关重要。农作物的种植是有时间要求的，错过了大好农时，哪来秋天的丰收？所以农民要在春天计划和安排一整年的农事活动。

老考你

迎春花和连翘的区别是什么？

试试看 水培菜头

种植物不一定要从种子开始，也不一定非得种在土里。家里做菜时剩余的萝卜头、白菜根，也可以变成小盆栽。想知道白菜根开花长什么样子吗？

① 取一个白菜根。

② 找一个大小合适、可以装水的容器。

③ 将菜头放进容器里，加水淹没菜头底部1厘米左右。

④ 放到温暖、有阳光的地方，每2~3天换一次水。及时换水能够防止长霉菌，预防异味。

⑤ 大概一周到两周的时间，就可以看到白菜开花啦！

如果把水培的菜头种到土里会怎么样？

雨水

(2月18日—20日)

我是雨水小仙女，回答出我的问题，我才回去！

天气越来越暖和了，你看，从天而降的，不再是雪花，而是淅淅沥沥的春雨。不过，我国地域辽阔，这个时候，北方一些地区气温依然很低，仍旧会下雪。

哇！下雨啦！

雨水这天可不一定下雨哦！之所以叫"雨水"，是因为这段时间会开始下雨。

南方地区气温升高，已经可以在室外种植了，而北方地区还需要在室内育苗。

一候獭(tǎ)祭鱼

池塘里的水獭感受到了春天的到来,开始奋力捕鱼。这一候为什么不叫"獭捉鱼",而是"獭祭鱼"呢?原来水獭抓到鱼后不会立马吃掉,而是用两只小前爪把鱼一条一条摆到岸边,攒够了一顿饭的量再吃。"祭"本来的意思就是用手捧着肉,或许水獭是在用最珍贵的食物向春天致敬吧!

二候候雁北

冬天,大雁在温暖的南方过冬,到了春天就启程飞往北方。所以这个时候,北方的小朋友会看到去年飞走的大雁又回来了,而南方的小朋友就要和大雁说再见啦。

三候草木萌动

草木开始抽出嫩芽啦!

绿头鸭北迁

绿头鸭是我国常见的一种野鸭。和大雁一样,绿头鸭也在春天从南往北迁徙。不过,即使你见到了绿头鸭,也不一定能认出。为什么这样说呢?原来,雄性绿头鸭的头是绿色的,但雌性绿头鸭没有绿色的头部,身上的羽毛颜色也和雄鸭差别很大。

油菜花开

南方的油菜花陆续开放,放眼望去,像一片片金色的海洋。油菜的种子可以榨菜籽油,榨完油的渣饼还是很好的肥料呢。这种油菜和我们在菜市场买来的专门作为蔬菜吃的油菜,可不是同一种植物。不过,它们是关系很近的亲戚哟。

菜籽油

汉字里的雨水

甲骨文　　金文　　小篆　　隶书　　楷书

"雨"最上面的横像天,外面的框像云,四个点像水从天上滴落下来。"雨"就是从云中降落的水滴。"雨"也是汉字的一个部首,雨字头的字大多与雨水有关。

甲骨文　　金文　　小篆　　隶书　　楷书

甲骨文字形的"水",中间弯曲的线条像水流,两旁的几个点似水花,是不是非常生动形象地描绘出了水流动的状态呢?

古诗词里的雨水

春夜喜雨（节选）
〔唐〕杜甫
好雨知时节,当春乃发生。
随风潜入夜,润物细无声。

早春呈水部张十八员外
〔唐〕韩愈
天街小雨润如酥,草色遥看近却无。
最是一年春好处,绝胜烟柳满皇都。

雨水前后的重要节日：元宵节

农历正月十五是中国的传统节日——元宵节。"元"指的是元月,即正月;"宵"是夜晚的意思。人们通常在正月十五晚上举行庆祝活动,所以这一天叫元宵节。不过你可能首先想到的还是这个节日的特色美食——元宵。这是北方人爱吃的,南方人则喜欢汤圆。元宵和汤圆,做法不同,但都寓意着团圆、幸福。

我们是馅料。

快到糯米粉里来!

我是馅料。

我是糯米面团

快到我肚子里来。

摇啊摇　滚啊滚

我来啦。

元宵诞生啦!

汤圆诞生啦!

雨水美食

田埂上、果园间，一丛丛荠菜长得正鲜嫩，挖一点回来，凉拌或者包饺子都是不错的美味哦。

俗语谚语里的雨水

春雨贵如油

春天，农作物开始进入生长旺盛期，有无雨水的滋润关系着一年的收成。特别是我国北方地区，常年雨水偏少，因此春雨就显得非常珍贵。

一场春雨一场暖，一场秋雨一场寒

春天，每下一场雨，感觉天气就变暖和一点。而秋天，每下一场雨，天气似乎会更寒冷一些。这其实是因为春季总体的温度在上升，而秋季总体的温度在下降。

考考你

为什么胖乎乎的水獭抓到鱼后要把鱼一条条摆到岸边呢？

小知识

怎么知道雨下得有多大呢？

在日常生活中，我们可以通过听窗外的雨声、看屋檐下的滴水、检查室外容器里的积水等方法，判断一场雨的大小。

为了精确地知道降雨量的大小，气象工作者会在室外放置雨量器，用来收集24小时所降的雨水。将收集来的雨水先倒入雨量杯中，再读出水面的高度是多少毫米，然后对照《降水量等级表》就可以知道这场雨的大小啦。

24小时的累计降雨量在10毫米以下为小雨，而超过50毫米为暴雨。对照《降水量等级表》，你还能发现什么？

0.1-9.9	10.0-24.9	25.0-49.9	50.0-99.9	100.0-249.9	>250.0
小雨	中雨	大雨	暴雨	大暴雨	特大暴雨

降水量等级表（单位：毫米）

惊蛰

（3月5日－7日）

立春时，动物们还只是时不时地动一动身体，到了惊蛰它们才真正苏醒过来，开始出来活动。至于苏醒的原因，古人认为是春天轰隆隆的雷声把冬眠的小动物都惊醒了。其实，动物苏醒主要还是因为气温回升了。

青蛙终于睡醒了！

南方早熟水稻开始种植。需要先把稻种放到大缸里催芽，然后播撒到秧田里育出秧苗。

我是惊蛰小仙女。一会我要提问的哟。

小麦变绿啦！

北方小麦返青。一旦麦田水分不够，就得浇水灌溉。

9

一候桃始华

"华"的意思是树木开花。惊蛰过后，桃花便尽情开放。不过，这时候树枝上只有花，没有叶子。要等花期快结束时才会长叶。

杜鹃

二候仓庚鸣

仓庚鸟就是黄鹂鸟。黄鹂鸟感受到春天的温暖，发出清脆婉转的啼叫。黄鹂鸟鸣叫是为了吸引异性，繁殖后代。

三候鹰化为鸠

"鸠"指的是杜鹃，也叫布谷鸟。惊蛰时，时常在空中盘旋的鹰不见了，取而代之的是在树冠间藏身的杜鹃。这两种鸟的样子有些相似，所以古人认为老鹰变成了杜鹃。实际上，这个时候老鹰们都躲起来繁育后代去了，杜鹃鸟则活跃了起来。老鹰是猛禽，嘴部有弯钩，爪子粗壮锋利，体型大；而杜鹃体型小，嘴部没有弯钩，爪子细弱。

老鹰

蜜蜂采蜜

百花丛中自然少不了蜜蜂们勤劳的身影。它们吸吮花蜜，采集花粉，带到蜂巢里酿成蜂蜜。你们知道蜜蜂有多辛苦吗？一只蜜蜂要拜访3000朵花，历时5-7天，才能酿成一滴蜜。蜜蜂在劳作的同时，也帮花朵完成了传粉。而只有传粉成功，花朵才能结出含有种子的果实。

蜜蜂种群的分工

产卵

和蜂王交配

筑巢、保卫、采蜜、哺育幼虫

蜂王

雄蜂

工蜂

惊蛰前后的重要节日：二月二龙抬头

惊蛰前后，有一个传统节日，那就是农历二月初二的龙抬头。龙为什么在二月二抬头呢？这跟古人对星辰的崇拜有关。根据观察，古人把天上的星辰分为二十八星宿，东西南北四个方向各七个星宿，东方的七个星宿叫苍龙。人们发现，每年春天开始农耕的时候，苍龙七宿会在夜空慢慢上升，最先露出的就是角宿，也就是龙的角，看起来像龙抬起了头。因而，把农历二月初二叫龙抬头。

星空中的苍龙七宿

古诗词里的惊蛰

桃夭（节选）

《诗经·周南》

桃之夭夭，灼灼其华。

之子于归，宜其室家。

观田家（节选）

〔唐〕韦应物

微雨众卉新，一雷惊蛰始。

田家几日闲，耕种从此起。

汉字里的惊蛰

小篆

隶书

楷书

"驚"是"惊"的繁体字，上面的"敬"表示"驚"的读音，下面的"马"表示意思跟马有关。《说文解字》说："驚，马骇也。"意思是马受到了惊吓。后来引申出恐惧、惊动的意思。

小篆

隶书

楷书

"蛰"由表示意思的"虫"和表示声音的"执"组成。《说文解字》说："蛰，藏也。"蛰最初的意思就是动物藏起来不吃也不动，处于冬眠状态。小朋友们注意啦，可不要写成海蜇的"蜇"哦。

11

植树

试试看

3月12日是我国的植树节。早春天气回暖,雨水变多,种下的树苗容易成活。那如何种一棵树呢?

1 选苗:选择适合本地种植的苗壮的树苗。

2 选址:选一个阳光充足、土层深厚的地方。

3 挖坑:坑的大小要比树的根球大一些,深度要刚好可以把树根全部埋入。

4 放苗:去掉树苗根部的花盆或包裹物,将树根放进挖好的坑里。

5 填土:将树苗扶正,往坑里填土,填到一半以后,把树苗向上微提一下,让树根在土里更加舒展。

6 踩土:刚加的土比较松散,踩一踩才能贴近树根。继续加土并踩土,直到把树根全部埋住。

7 浇水:刚种下的树苗一定要浇透水。

8 后期照顾:多观察生长情况,及时浇水,适当施肥。

俗语谚语里的惊蛰

春雷响,万物长

伴随着一声声春雷,万物开始蓬勃生长。桃红柳绿,蜂飞蝶舞,鸟语花香,一派生机勃勃的景象。

过了惊蛰节,春耕不能歇

惊蛰以后,我国大部分地区温度明显上升,雨水增多。为了不错过耕地种植的大好时机,农民们热火朝天地开始劳作啦。

考考你

惊蛰时节,小动物们为什么会苏醒呢?

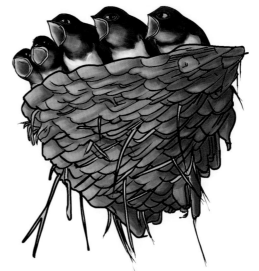

春分三候

一候玄鸟至

玄鸟，也就是燕子。这时候，在南方过冬的家燕会飞到北方。它们成双成对地衔泥，在屋檐下筑巢。它们会在巢里下蛋、孵蛋，幼鸟孵化出来后，燕子的父母要精心照顾小燕子，直到它们学会飞翔，能自己捕捉食物。

二候雷乃发声

惊蛰时，第一声春雷响起，冬眠的小动物都出来活动啦！但第一声春雷往往是"雷声大，雨点小"，不会带来多少降水；而到了春分，不仅雷声大，雨水也会变多。

雨燕北迁

雨燕是鸟类中的飞行冠军，不仅飞行速度极快，迁徙路程也极长。它会在每年3、4月份来到北京，7、8月份飞往非洲。雨燕在飞行过程中，几乎从不落到地面或树木上。雨燕是北京的标志性物种，是2008年北京奥运会的吉祥物福娃妮妮的灵感来源。

三候始电

夜空中，一道道闪电似长龙，在乌云和大地间穿梭，转瞬即逝，却威力无边。如果遇到这种天气，在室外的小朋友，不能在孤立的大树下或没有避雷装置的高大建筑物附近避雨。

汉字里的春分

| 甲骨文 | 金文 | 小篆 | 隶书 | 楷书 |

《说文解字》说："分，别也。"它本来的意思是用刀把物体剖开，一分为二。"分"的字形，中间是"刀"，刀的两边各有一笔，代表被切开的物体。

| 甲骨文 | 金文 | 小篆 | 隶书 | 楷书 |

"电"本来的意思是闪电，甲骨文字形就像一道闪电的样子，到了金文，加了雨字头。那么电跟雨有关系吗？当然了，电闪雷鸣往往是暴风雨来临的前兆。

萼片反折
无花柄
杏花

有花柄
红色花药
梨花

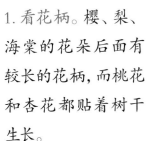

黄色花药
有花柄
海棠花

1. 看花柄。樱、梨、海棠的花朵后面有较长的花柄，而桃花和杏花都贴着树干生长。

2. 看花瓣和花蕊。樱花的花瓣上有细小的缺口，而梨花和海棠的花瓣则没有缺口。梨花雄蕊上的花药通常是红色的，海棠的花药大部分是黄色的。

3. 看萼片：桃花和杏花都贴着树干生长，但杏花花瓣下面的萼片是反折的，而桃花的萼片没有反折。

群芳争艳

如果说早春是樱花、杏花、桃花的天下，那到了春分节气，海棠和梨花也加入了这群芳争艳的队列。这五种花长得很像，都属于蔷薇科大家族。不过，只要细细观察，就能把它们区分出来。

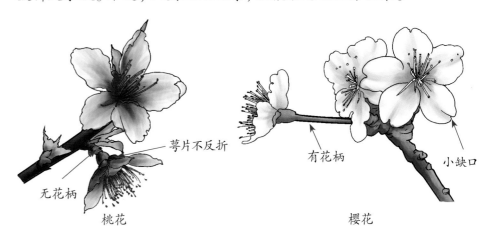

萼片不反折
无花柄
桃花

有花柄
小缺口
樱花

15

春分立蛋

"春分到，蛋儿俏。"春分时的一项传统游戏就是立蛋比赛。要想把鸡蛋立得又快又稳是有诀窍的：首先要选择光滑匀称的新鲜鸡蛋，其次要让鸡蛋大头朝下，稍作等待让鸡蛋里的蛋黄下沉，这样就更容易将鸡蛋立起来。

俗语谚语里的春分

春分麦起身，肥水要紧跟

惊蛰前后，北方麦田恢复生机，麦苗由枯黄转为嫩绿，称为"返青"。到了春分，原本匍匐在地的麦苗都直立起来，拔节生长，农民将这样的场景形象地称为"起身"。这是小麦生长速度最快的时期，它们需要更多的肥料和水分。

春分有雨家家忙，先种瓜豆后插秧

这句农谚适用于我国南方地区。春分时，被雨水滋润的菜地温度适宜，非常适合种瓜点豆。菜地里忙活完，就该去水田里插秧啦！

考考你

给你们看几张图，能找出哪张图是梨花吗？

试试看 蛋壳不倒翁

立蛋需要耐心和技巧，但有一种蛋却可以自己立住，你推也推不倒！那就是——蛋壳不倒翁：

① 把鸡蛋从中间打开，蛋液可以留着炒菜，分开的两半蛋壳都清洗干净。

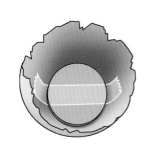

② 用胶水或胶带将一枚硬币粘贴到鸡蛋大头蛋壳内侧的底端。

③ 准备一些碎纸片，将两半蛋壳拼合后，在外面涂上胶水，粘上碎纸片。注意用纸片将整个蛋壳都包住。

④ 待胶水干后，可在上面画可爱的装饰。一个蛋壳不倒翁就制作好啦！

清明三候

一候桐始华

桐树有好几种，其中泡桐在我国南北地区十分常见。泡桐树非常高大，每到清明时节，泡桐花就会陆续盛开。对了，大家还记得"华"的意思吗？

二候田鼠化为鴽

惊蛰节气后，老鹰不见了，杜鹃鸟叽叽喳喳在枝头喧闹。清明节气，田鼠也不见了，它也去繁殖了吗？不，它就是怕热，喜欢阴凉的环境，躲到洞穴里去了。鴽是鹌鹑类的小鸟，喜欢阳光，所以出现在了田间地头。

三候虹始见

雨后的天空，彩虹开始出现了。彩虹是怎么产生的呢？大气中的小水滴像一个个小三棱镜，太阳光照射过去，被分散出七彩的颜色，就形成了美丽绚烂的彩虹。

柳树开花

你可能没有注意到，柳树也会开花。柳树的花像一条条小毛毛虫，上面点缀着嫩黄色的花蕊。不过，柳树分雌株和雄株，只有雌株的花会结种。常见的柳絮就是柳树的种子和附在种子上的茸毛。

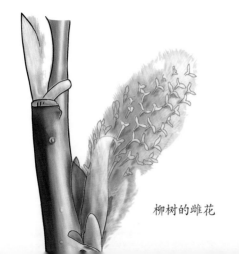

柳树的雌花

茶树长芽

自古以来，茶在人们的日常生活中有着非常重要的地位。清明和谷雨节气，是采制春茶的好时候。茶树经过一整个冬天的休养，新发的嫩芽香气宜人。清明、谷雨时节采制的茶叶，是一年之中的佳品。

汉字里的清明

小篆	隶书	楷书

左边的三点水表示"清"跟水相关，右边的"青"表示"清"的读音。"清"本来的意思是水清澈透明，没有杂质。后也用来形容事物的洁净、品格的高洁。

甲骨文	金文	小篆	隶书	楷书

"明"的甲骨文字形，左边是月亮，右边是太阳，用太阳和月亮的光来表示光亮。《说文解字》说："明，照也。"可见，"明"本来的意思就是光照、光明。

古诗词里的清明

清明

〔唐〕杜牧

清明时节雨纷纷，路上行人欲断魂。
借问酒家何处有？牧童遥指杏花村。

寒食

〔唐〕韩翃

春城无处不飞花，寒食东风御柳斜。
日暮汉宫传蜡烛，轻烟散入五侯家。

清明前后的重要节日：清明节和寒食节

清明节是我国重要的祭祀节日，人们会在这一天给已逝的亲人扫墓，表达思念之情。古代，在清明节前一两天还有一个节日——寒食节，是为了纪念春秋时期晋国的忠臣介子推而设立的。之所以叫寒食节，是因为这一天的习俗是不动火，只吃冷食。由于寒食和清明日期接近，渐渐合为一个节日。

清明美食

清明时节，我国江南一带有吃青团的习俗。来看看青团是怎么制作的吧！

① 锅中水烧开，放入200克新鲜艾叶，再次煮开即可关火。

② 捞出艾叶，放入凉水中降温，然后放入榨汁机中打成泥。

③ 在艾叶泥中加入600克糯米粉，搅拌均匀，也可加入少量食用油使口感更顺滑。

④ 将揉好的面团分成小份，每一份揉捏成小圆饼，像包饺子一样包入馅料。可以选择红豆沙、肉松或者蛋黄馅。

⑤ 放入蒸锅蒸15分钟，就可享用美食啦！

俗语谚语里的清明

清明前后，种瓜点豆

清明是播种农作物的大好时节，黄瓜、南瓜等瓜类，黄豆、菜豆等豆类，还有玉米、土豆等很多作物，都到了可以室外种植的时候。

清明断雪，谷雨断霜

到了清明，便不会再下雪了；过了谷雨，清晨草地上便见不到白霜了。不过我国地域辽阔，不同地区断雪断霜的具体时间也不一样。但无论如何，天气越来越暖和了，处处都是鸟语花香。

考考你

柳树会开花吗？

踏青郊游 天清地明，草长莺飞，小朋友们结伴去游玩。

谷雨三候

一候萍始生

浮萍是一种漂浮在水面生长的植物，喜欢温热潮湿的天气。谷雨节气，它们出现在池塘、水田间，并且迅速蔓延繁衍。浮萍是鸭子非常喜欢吃的食物。

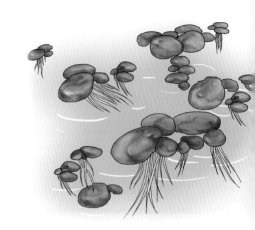

二候鸣鸠拂其羽

鸠，也就是杜鹃鸟，它在惊蛰前后出现，谷雨过后便会经常鸣叫。农民伯伯认为杜鹃叫是在提醒人们播种，因为它的叫声像"播谷播谷"。其实，杜鹃鸟这时候鸣叫，是为了吸引异性、繁殖后代。如果循着叫声用望远镜观察，你会发现杜鹃鸣叫时会放低身子、抖动翅膀，所以叫"鸣鸠拂其羽"。

三候戴胜降于桑

戴胜是一种头顶棕红色羽冠的鸟儿。它的羽冠像一把扇子，兴奋时展开，飞翔时收叠。谷雨节气，戴胜鸟会降落在枝繁叶茂的桑树上休息，啄食桑葚果。

牡丹花开

牡丹又叫"谷雨花"，因为它恰好在谷雨时开放。牡丹花雍容华贵，被称为"花中之王"。

汉字里的谷雨

   谷

金文　　　　小篆　　　　隶书　　　　楷书

金文的"谷"，上面像丰收的谷物，下面像装谷物的容器。到了小篆，字形变得复杂了起来。这个字形是"谷"的繁体字，也就是穀。里面藏着一个"禾"，表示跟庄稼有关。《说文解字》说："穀，百穀之总名。"意思是，谷是各种庄稼和粮食的统称，包括水稻、高粱、小麦等等。

    鸟

甲骨文　　　金文　　　小篆　　　隶书　　　楷书

"鸟"是一个象形字。《说文解字》说："鸟，长尾禽总名也。"意思是鸟是长尾飞禽的总称。

古诗词里的谷雨

晚春

〔唐〕韩愈

草树知春不久归，百般红紫斗芳菲。
杨花榆荚无才思，惟解漫天作雪飞。

题画

〔清〕郑板桥

几枝新叶萧萧竹，数笔横皴(cūn)淡淡山。
正好清明连谷雨，一杯香茗坐其间。

谷雨前后的重要节日：上巳节

农历三月初三是上巳节。这一天，古人会结伴去水边沐浴，寓意洗去灾晦(huì)，祈求福运。此外，他们还会组织春游踏青活动，大家一起临水宴饮。大书法家王羲(xī)之的名作——被誉为"天下第一行书"的《兰亭集序》，就写于公元353年上巳节那天的一场临水宴饮时。

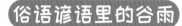

谷雨美食

香椿芽

谷雨节气，很多地方有吃香椿树嫩芽的习俗。香椿芽鲜嫩可口，香气浓郁，可以用来包饺子、炒鸡蛋，还可以裹上面糊在油锅里炸成"香椿鱼儿"。

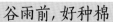

俗语谚语里的谷雨

谷雨麦怀胎，立夏长胡须

谷雨前后，我国江淮地区的冬小麦进入孕育花苞的时期，就像母亲怀了小宝宝一般；4月底麦子抽穗；到了立夏，麦子结出果实，麦穗上的芒逐渐散开，农民将其形象地比喻为"长胡须"。

谷雨前，好种棉

谷雨前后，是棉花播种的好时机。棉花可以做成棉被、棉线、棉布，是我们日常服饰中重要的纤维来源。

考考你

杜鹃鸟是怎么叫的？它为什么在谷雨前后鸣叫呢？

试试看　养蚕宝宝

① 孵化：把蚕卵放在暖和的地方孵化。蚕卵刚开始是淡黄色的，一般2~3天后会变成紫黑色，这说明蚕宝宝快要孵出来啦！

② 喂养：刚从卵中孵化出来的蚕宝宝像蚂蚁一般小，叫"蚁蚕"，此时需要喂非常嫩的桑叶。蚁蚕每蜕一次皮就要长大一些，就可以逐渐喂更大的桑叶了。如果桑叶淋了水，一定要晾干才能喂，否则蚕宝宝吃了会拉肚子。

③ 结茧：经历4次蜕皮后，蚕便不再吃桑叶了。这时候可以在养蚕的盒子里放入一些干草，蚕会寻找缝隙处吐丝结茧。

④ 化蛾：原本像条毛毛虫的蚕，在茧里身体会发生很大变化，它会先变成蛹。一两周后，破茧而出的，就是长着翅膀的蚕蛾！身体胖乎乎的是母蚕蛾，瘦瘦的是公蚕蛾。

⑤ 产卵：母蚕蛾交配成功后就会产卵。可以在盒子底部垫一张白纸，让蚕蛾把卵产到纸上。收集起来的蚕卵可以放入冰箱中冷藏保存，到第二年春天，这些蚕卵还可以再次孵化哦。

立夏三候

一候蝼蝈鸣

蝼蝈（lóu guō），也叫蝼蛄（gū）、土狗。它有一对像小铲子一样的前足，非常擅长在土壤中挖掘隧道。立夏时，田间地头常常能听到它银铃般的清脆叫声，但走近寻找却又不见踪影。蝼蝈喜欢吃发芽的种子和植物的根茎，田地里蝼蝈太多会危害农作物的生长。

二候蚯蚓出

为什么平时看不见蚯蚓，雨天就有很多呢？这是因为它们喜欢潮湿、阴暗的地下，但下雨时雨水渗入土壤，挤走了土壤里的空气，蚯蚓只好爬出地面呼吸。蚯蚓看似渺小，但它们可以将枯枝落叶降解成肥料，还能使土壤疏松透气，很了不起哟！

三候王瓜生

王瓜，又叫栝楼，有着长长的藤蔓和善于攀爬的卷须（guā）。立夏时节，王瓜借助大树或围墙，迅速攀爬生长。为啥要往高处爬呀？因为高的地方可以晒到更多阳光，植物通过光合作用可以把阳光变成自己生长的能量。

青蛙鸣叫

夏天的雨后，很容易听到青蛙"呱呱"叫，这些叫声基本上都来自雄蛙。它们是为了吸引雌蛙才叫的。有些种类的雄蛙在鸣叫时脸颊两侧会鼓泡泡，这些泡泡有放大声音的作用。雄蛙们甚至还会互相合作，来一场夏季大合唱呢。声音越洪亮，就能传播得越远，吸引更多的雌蛙。

刺槐花开

一串串洁白的刺槐花在枝头绽放,嘴馋的人们采摘它的花,做成美味的槐花饭。不过,槐树分为刺槐和国槐,只有刺槐的花可以做槐花饭,国槐的花则可以泡茶、入药、染布。

如何分辨刺槐和国槐呢?

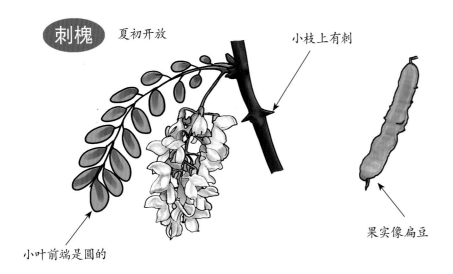

刺槐　夏初开放

小枝上有刺

果实像扁豆

小叶前端是圆的

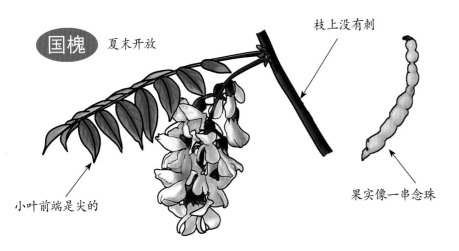

国槐　夏末开放

枝上没有刺

果实像一串念珠

小叶前端是尖的

汉字里的立夏

甲骨文　　金文　　小篆　　隶书　　楷书

甲骨文的"夏"像一个人。小篆的"夏"就更像了,头发、脑袋、手脚都有。"夏"最初就是汉民族的自称。今天,中华民族常称"华夏民族"。

甲骨文　　金文　　小篆　　隶书　　楷书

甲骨文的"生",上面是刚长出来的草木,下面的一横代表土地或土壤。"生"最初的意思是小草从土里长出来。到了夏天,草木会长得更快哦。

古诗词里的立夏

闲居初夏午睡起

〔宋〕杨万里

梅子留酸软齿牙,芭蕉分绿与窗纱。
日长睡起无情思,闲看儿童捉柳花。

斗蛋

立夏这天有挂蛋、斗蛋、吃蛋的习俗。把煮好的鸡蛋装进网袋，挂到小孩的脖子上。孩子们得到蛋

后并不急着吃，而是先去找小伙伴们斗一斗。斗蛋时蛋头碰蛋头，蛋尾击蛋尾，一个一个斗过去，能坚持到最后也不破壳的鸡蛋就是"蛋王"啦！

立夏不热，五谷不结

到了立夏，天气越来越热，庄稼越长越高。但如果遇到气候反常，立夏时天气还不热，那庄稼的收成就要受影响了。

立夏三天遍地锄

立夏时节，庄稼长得快，杂草长得也快，而且杂草更懂得抢夺营养和占领地盘。如果农民伯伯不及时锄草，那庄稼恐怕是要败给杂草啦。

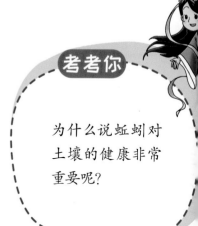

考考你

为什么说蚯蚓对土壤的健康非常重要呢？

给黄瓜搭架

黄瓜需要搭架才能长得好，而且架子还得搭得很牢固，因为黄瓜苗会逐渐长大，结的黄瓜也会越来越多，如果架子不牢固很容易被压塌。来看看农民伯伯是怎么给下面的六棵黄瓜苗搭架的吧。用类似的方法，你也可以给你种的爬藤植物搭架哟。

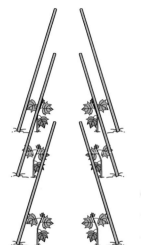

❶ 在每棵黄瓜苗外侧10厘米处向内斜插一根竹竿。

❷ 左右两行竹竿在顶端交叉。

❸ 交叉处横穿一根竹竿，并用绳子绑紧。

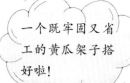

一个既牢固又省工的黄瓜架子搭好啦！

小满三候

一候苦菜秀

苦菜，又叫苦荬^{mǎi}，是一种常见的野草。幼嫩时可以采来做菜，但味道有点苦。秀，是草木开花的意思。"苦菜秀"就是苦菜要开花啦。

苦菜

二候靡草死

靡草，指的是像葶苈^{tíng lì}、荠菜一样长得细细的小草。小满节气过后，这些草就枯死了。是天气太热被晒死了吗？其实它们已经走完了生命的整个历程。早春，它们破土而出，这时地面上没有什么遮挡，矮小的它们能够晒到阳光。在百花还未开放时，它们就开出花来，即使花很小、不起眼，也能吸引最早出现的传粉昆虫。到了初夏，它们已经完成了繁衍后代的大业。

荠菜

葶苈

三候麦秋至

"麦秋"的"秋"可不是指秋天，而是收成的意思。"麦秋至"就是麦子成熟、丰收的时候要到了。

蒲公英传播种子

房前屋后的草地上，常能见到蒲公英开出淡淡的黄花，结出许多小绒球。一阵风吹过，已经成熟的种子会乘"降落伞"飞到空中，然后降落到其他地方——这是蒲公英传播种子的方式。

花椒凤蝶产卵

花椒凤蝶又叫柑橘凤蝶。有花椒树或柑橘树的地方,常能见到它们飞来飞去,它们是在赏花吗?不,它们正寻找合适的叶子产卵。因为它们的幼虫要吃花椒树或柑橘树的叶子。

❸ 几次蜕皮后变成草绿色。

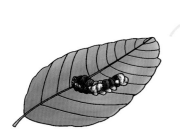

❷ 幼虫从卵中钻出,它褐白相间,像鸟粪。

❹ 遇到惊吓时,幼虫会伸出臭丫腺,放"臭味"熏走敌人。

❶ 在树叶上产下卵。

❺ 化蛹。

❻ 变成美丽的花椒凤蝶。

汉字里的小满

甲骨文　　金文　　小篆　　隶书　　楷书

"小"是一个象形字,甲骨文的"小"就是几个小点。《说文解字》说:"小,物之微也。""小"最初的意思是细小。

小篆　　隶书　　楷书

小篆的"满",左边是"水",说明和水有关。《说文解字》对它的解释是:"满,盈溢也。""满"的意思是水装满了,快要溢出来了。

采摘

小满时节，田地里各种瓜果蔬菜陆续成熟并收获上市。北方地区，到了采摘樱桃和收挖大蒜的时候；南方地区，则到了收获油菜籽和蚕豆的时候。这个时候，小朋友也可以去郊区体验采摘的乐趣。

如何采摘樱桃

② **选择成熟的樱桃** 成熟的樱桃才鲜甜好吃，一般形态饱满、颜色深的已经成熟。当然你也可以直接试吃一个来判断！

俗语谚语里的小满

小满不满，麦有一险

小满前后，冬小麦到了最后的成熟时期。如果这时遭遇干热风，或者气温太高，小麦的叶子就会过早枯死，麦粒干瘪，农民的收成便大打折扣。

小满不满，干断田坎

小满时节，南方的水田里如果蓄不满水，在夏日的高温下，水田四周的田坎很容易裂开。这种状况对水稻的生长非常不利。

① **注意爬梯安全** 樱桃长在较高的枝条上，一般需要爬梯子才能摘到。小朋友们要在大人的看护下在梯子上站稳哦。

③ **连着果柄采摘** 一手扶着枝条，一手捏住果柄采摘。注意不要伤害叶子和枝条。

①

②

③

④

考考你

你们能正确排列出蝴蝶的生命周期图吗？

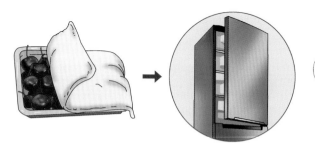

④ **储存** 在干净的纸盒中铺上棉布或纸巾，把连着果柄的樱桃放入，然后盖上棉布或纸巾，放入冰箱冷藏保存。

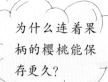

为什么连着果柄的樱桃能保存更久？

我是芒种小仙女，接下来的问题你们一定要答对哦，不然我就继续玩啦！

芒种

(6月5日—7日)

❶ 割麦：用镰刀将麦子割下来，捆成捆。

❷ 运麦：将麦捆及时运到打谷场上铺散开。

小麦来之不易，可不能浪费哦！

❸ 打麦：用石磙一遍又一遍地反复碾压，直到将麦草碾碎，麦粒脱落。

芒种时节，有芒的麦子要忙着收，有芒的稻子要忙着种，所以人们说"芒种忙忙种"。芒种前后，北方的农民伯伯忙着收麦子。以前都是人工收割，现在，人们用自动收割机来收小麦，方便多啦！

❹ 晾晒：选择好天气，将脱好粒的麦子反复晾晒。

❺ 扬麦：利用风将麦粒中的草茎、灰尘扬干净。

33

芒种三候

一候螳螂生

螳螂和蚕、蝴蝶一样，是从卵里孵化出来的，不过螳螂的卵藏在一个特别的地方——卵鞘(qiào)里。卵鞘相当于一间小房子。秋天，螳螂妈妈先在树枝上分泌一种泡沫状的黏液，再将卵产在里面，等黏液干了就形成卵鞘啦。第二年芒种节气过后，许许多多的小螳螂就会从卵鞘里爬出来。

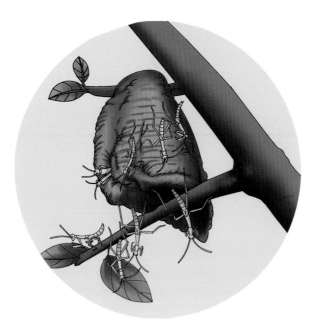

艾草长高

还记得清明节气时我们用艾草制作青团吗？当时用的还是鲜嫩的幼苗，但到了芒种节气，艾草已经长得有一米多高了。

三候反舌无声

反舌指的是反舌鸟，又叫乌鸫(dōng)。注意，是乌鸫而不是乌鸦哦！乌鸫和乌鸦一样全身乌黑，但乌鸫的嘴是黄色的。乌鸦的嗓音嘶哑；乌鸫的叫声清脆婉转，百变多样，它还擅长模仿各种鸟的鸣叫呢。不过，春天才是乌鸫最活跃的时候，芒种过后，美妙的反舌鸟叫声就逐渐听不到了。

二候鵙(jú)始鸣

鵙，也就是伯劳鸟。这是一种体型只比麻雀稍大一点儿的小鸟，但它生性凶猛，不光会抓小虫子吃，还会捕捉蜥蜴、蛙、老鼠，甚至能杀死比自己还大的鸟。伯劳鸟在枝头鸣叫，也是为了吸引异性、繁殖后代。

乌鸦　　　　　　乌鸫

汉字里的芒种

小篆

隶书

楷书

"芒"字上面是草字头,说明它和草有关。芒的本义是草木上的细刺。

小篆

隶书

楷书

"種"是"种"的繁体字。"种"本义是播种、栽种,《说文解字》说:"先种后熟也。"后来也指植物的种子。不过,小朋友们要注意,这是一个多音字,在"种子"这个词语里读第三声,在"播种"这个词语里读第四声。

古诗词里的芒种

观刈麦(节选)

〔唐〕白居易

田家少闲月,五月人倍忙。

夜来南风起,小麦覆陇黄。

约客

〔宋〕赵师秀

黄梅时节家家雨,青草池塘处处蛙。

有约不来过夜半,闲敲棋子落灯花。

芒种前后的重要节日:端午节

农历五月初五的端午节是重要的传统节日。一般认为这个节日是为了纪念著名的爱国诗人屈原而设立的。屈原是楚国人,他听说秦军攻破了楚国都城,悲愤交加,投江而死。楚国老百姓纷纷划船打捞,还把粽子扔到江水里,防止鱼虾伤害屈原的身体。后来,包粽子、划龙舟、挂艾草、戴香包等都成了端午节的习俗。

试试看

煮青梅

芒种时节，南方地区的青梅成熟了。新鲜的青梅大多酸涩，一般要经过加工再食用。可将青梅和糖、盐或酒一起煮。梅子是古人常备的酸味调味品。

俗语谚语里的芒种

芒种入梅

"入梅"指的是"进入梅雨季节"，这是我国长江中下游地区特有的天气现象。这时候，当地的青梅刚好成熟，所以人们把连续的阴雨天气叫"梅雨"。

芒种忙种，不得闲空

芒种不仅是忙着收割的季节，也是忙着种植的季节。芒种时，要抓紧种植的作物有水稻、玉米、大豆等。

考考你

怎么区分乌鸦和乌鸫这两种鸟？

自制艾叶香包

在家长的帮助下，用艾草叶制作一个香包挂在床头，就可以持久地闻到艾草的清香了呢。

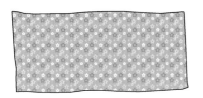 ❶ 剪一块长16厘米、宽8厘米的长方形布。

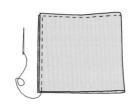 ❷ 将布的反面朝外，对折后缝合两边，形成一个小口袋。

 ❸ 将布的正面翻到外面。

 ❹ 将晒干的艾叶放进小口袋中，塞满。

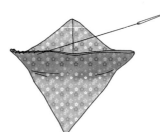 ❺ 将最后一条边换个方向对折，使原来的小口袋变成粽子形状。

 ❻ 缝合最后一条边，再缝上挂带。艾叶香包就做好啦！

夏至

(6月21日—22日)

"至"是"最"的意思。夏至这天，北半球有三件事到达了一年之最：白昼时间最长；中午在太阳的照射下，人或物体的影子最短；太阳直射地球的位置到达一年中的最北端，即北回归线。还记得春分时白天夜晚一样长吗？春分后白天越来越长，到夏至时到达极点，夏至过后，白昼就要一天天缩短了。之所以会有这样的变化，跟太阳直射地球的位置变化有关。

37

夏至三候

一候鹿角解

鹿的角很有特点，雄鹿每年都要换一副新鹿角。春天时，雄鹿头顶隆起一对突起，逐渐形成鹿茸。夏至前后，鹿茸内部的软骨逐渐转为硬骨，外层表皮自然脱落，古人误以为是鹿角脱落了，所以叫"鹿角解"。其实，整个鹿角脱落要到冬天。

二候蜩始鸣

tiáo

蜩是一种又黑又大的蝉。小朋友们对夏天响亮的蝉鸣一定不陌生。可是你们知道吗？只有雄蝉会鸣叫，而且它们是用腹部的发音器发出声音的。蝉的幼虫生活在土壤中，通常一待就是好几年。到了该出来的时候，它们会选择夏天的黄昏或夜晚，钻出地表，爬到树上，蜕皮羽化。现在大家明白树干上那些空的蝉蜕是怎么来的了吧？

三候半夏生

半夏是一种山野里常见的小草，在夏至前后生长，此时夏天已过去一半，所以叫"半夏"。半夏的花很有特点，长着这样花朵的植物一般都属于同一个植物大家族——天南星科，是著名的毒草大家族。医生经常用它们入药，但我们可不能随便采来吃。

杏子熟

到了夏至，摘杏的时候就到啦！杏子既可以鲜吃，也可以加工成果干、果酱。杏核里的杏仁分为甜杏仁和苦杏仁两种。甜杏仁可以炒着吃；苦杏仁有毒，不能直接吃，但可以入药。

夏至草枯

夏至草又叫白花夏枯草。半夏因生长于夏至得名，而夏至草却是因为枯死于夏至得名。这是我国南北地区都很常见的野草，它们在初春早早地破土而出，迅速完成开花结果的重任，到了夏至就枯死了。

汉字里的夏至

甲骨文　　金文　　小篆　　隶书　　楷书

甲骨文的"至"像射来的箭落到地面上，这是它本来的意思，后来才有了"到达极点、最"的意思。

金文　　小篆　　隶书　　楷书

金文的"半"，下面是一头牛，上面是"八"，表示将一头牛分解开。《说文解字》说："半，物中分也。"意思是把物体一分为二后的其中一半。

古诗词里的夏至

悯农

〔唐〕李绅（shēn）

锄禾日当午，汗滴禾下土。
谁知盘中餐，粒粒皆辛苦。

山亭夏日

〔唐〕高骈（pián）

绿树阴浓夏日长，楼台倒影入池塘。
水精帘动微风起，满架蔷薇一院香。

防中暑

夏至时节，雷阵雨多，空气湿度大，气温又高，人体内的热量很难散发出去，就容易中暑。预防中暑，需要多喝水，注意防晒，户外活动尽量选择早晚较为凉爽的时候。

头痛头昏

出汗多

口干渴

胸闷恶心

四肢酸软无力

四肢发麻

注意力不集中

俗语谚语里的夏至

冬至饺子夏至面

在夏至这一天，许多地方都有吃面条的习俗，而且经常吃过水的凉面。比如老北京的炸酱面，就是把面条煮熟后用凉水一冲，调上炸好的酱，拌上黄瓜丝、豆芽等蔬菜食用。

天上城堡云，地上雷雨临

夏天雷雨天气多，有经验的农民能够通过观察云朵预测天气的阴晴。"城堡云"底部平坦，顶部隆起，样子像一座白色的巨型城堡。天边有这种云朵，就很可能会打雷下雨。

考考你

夏至这天，北半球有哪三件事到达了一年之最？

试试看 手工杏酱

夏至是收获杏子的时候，怎样把杏子的美味保存得更久一些呢？熬制一瓶杏酱就可以啦！

① 准备1500克杏，洗净沥干。

② 去掉核，把杏肉切成小块。

③ 加入约700克白糖，拌匀腌制两小时以上。

为什么被糖腌渍的杏肉会出很多水？这些水是从哪里来的？

④ 将汁水连同杏肉一起倒入锅中，大火煮10分钟。

⑤ 转小火煮约30分钟，同时不停搅拌，直到果酱变浓稠。

⑥ 趁热装进无油无水的玻璃瓶中，晾凉后放入冰箱冷藏。一般可保存一个月左右。

小暑

(7月6日－8日)

我是小暑小仙女，快来回答我的问题吧！

黄瓜、豆角、茄子、辣椒、西红柿等蔬菜都到了收获的时候。

小暑的意思是天气已经非常炎热，但还不到一年中最炎热的时候。此时，人们常说的"三伏天"就要开始了。三伏天通常出现在小暑与处暑之间，是一年中气温最高、天气最闷热的时候。三伏分为初伏、中伏和末伏，也叫头伏、二伏和三伏。初伏从夏至后的第三个庚日开始（一般在每年的7月中旬），持续10天，末伏也是10天，二伏则因为年份不同，时间有长有短。

现摘的西瓜真好吃！

太热了！我只想静静吃瓜。

地里的西瓜熟了，瓜农抓紧采摘，并运到市场上去卖。

41

一候温风至

风中似乎也夹带着滚滚热浪,吹在脸上毫不觉得清凉。可想而知,天气已经有多热了!

二候蟋蟀居壁

不光人类怕热,蟋蟀也怕热。它们离开田野,躲到墙角的缝隙里。怎么知道它们躲到了墙角呢?夜幕降临时,听,墙角下那一阵阵清脆的"曲曲"声,让人很容易想起它的别名"蛐蛐"。它的叫声是靠翅膀摩擦发出的。和蝉、蛙一样,只有雄性蟋蟀会鸣叫。

荷花开

池塘里的荷花开了,粉的、白的,特别漂亮。一阵风吹过,清香怡人。荷花谢了后,中心的莲蓬日渐成熟,市场上便可以买到一把一把捆扎着的鲜莲蓬啦。荷花的根——那一节节白白胖胖的莲藕也可以食用。这种既美丽又美味的植物,受到了很多人的喜爱。

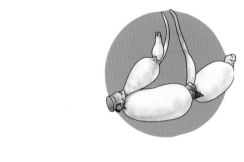

三候鹰始鸷 (zhì)

鸷,在这里是攻击、杀死的意思。炎热的夏天,老鹰开始在高空中盘旋。它那敏锐的眼睛密切关注着地面上的动静,随时准备俯冲下来抓捕猎物。

汉字里的小暑

小篆

隶书

楷书

"暑"上面是"日",说明这个字和太阳有关。《说文解字》说:"暑,热也。"夏天火辣辣的太阳底下所感受到的那种炎热,就是"暑"了。

金文

小篆

隶书

楷书

金文的"伏",左上侧是一个人的形象,右下侧是一只狗。合起来像狗趴在人脚边,伏表示趴下、俯伏的意思。

古诗词里的小暑

江南

汉乐府

江南可采莲,莲叶何田田。
鱼戏莲叶间。鱼戏莲叶东,
鱼戏莲叶西,鱼戏莲叶南,
鱼戏莲叶北。

喜晴

〔宋〕范成大

窗间梅熟落蒂,墙下笋成出林。
连雨不知春去,一晴方觉夏深。

晒伏

小暑前后天气闷热潮湿,特别是南方地区,存放在衣柜里的衣服、被子容易受潮发霉。所以,天气晴朗的时候,家家户户会把衣物拿出来晒,这叫"晒伏"。晒太阳不仅能让衣服更加干燥、易于保存,而且阳光中的紫外线还有杀菌的功效呢。

小暑美食

西瓜

西瓜甘甜多汁，清爽解渴，是夏天当之无愧的美味。那么，怎样挑选成熟好吃的大西瓜呢？

❶ 摸。表皮摸起来光滑的，就熟了；表皮摸起来粗糙的，就还是生的。

❷ 敲。敲一敲会"咚咚"响的，是熟瓜；敲一敲发出"嗒嗒"声的，是生瓜。

俗语谚语里的小暑

头伏饺子二伏面，三伏烙饼摊鸡蛋

这是我国北方地区流传的谚语。伏天里天气闷热，人容易没有胃口，吃不下饭。那吃些什么可以开胃、补充营养呢？老百姓总结出了这三种食物：饺子、面条、烙饼摊鸡蛋，它们分别适合头伏、中伏、末伏的时候吃。

考考你

蟋蟀是怎么发出叫声的？

试试看 花果大配对

小暑前后，各种瓜果蔬菜都陆续结果、成熟。你能否将以下果实和花朵正确配对呢？

一候腐草为萤

萤火虫是一种尾部能发出荧光的小昆虫。古人看到萤火虫从腐烂的草丛中飞舞出来，还以为它是草变的呢。不过，大多数种类的萤火虫，只有雄虫会飞，雌虫没有翅膀，看起来像一条扁扁的毛毛虫。尽管雌虫不会飞，但它和雄虫一样能发光。

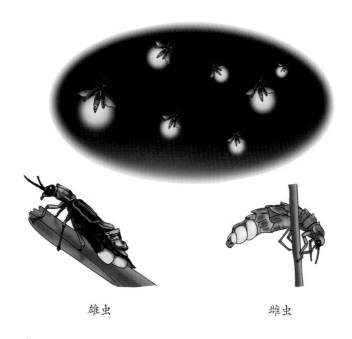

雄虫　　　　　　　雌虫

二候土润溽暑

溽，就是湿热的意思。大暑过后，天气非常闷热，经常下雨，不仅空气湿度大，土壤也十分潮湿。这种高温潮湿的天气，很适合蘑菇、苔藓的生长。瞧，那一把把可爱的小伞撑在树桩上，那一块块绿苔藓像地图一样"画"在背阴的石头上。

三候大雨时行

这时候的雨，不仅能稍微缓解空气中的闷热，还能给农作物及时补充水分，所以人们说"伏天的雨，锅里的米"。

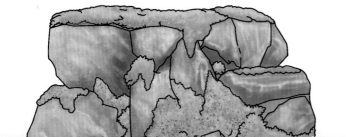

蜗牛爬行

夏天，墙角边、草丛里都很容易见到著名的肚皮爬行者——蜗牛的身影。蜗牛总是用肚皮爬行却不会弄坏肚皮，因为它们懂得分泌黏液保护肚皮。蜗牛背着一个硬壳，在环境太干或者遇到危险时，会缩进壳里保护自己。不过，这一招在对待它的天敌——萤火虫时却不好使。萤火虫的幼虫喜欢吃蜗牛，它们懂得给蜗牛注射麻醉剂，让蜗牛失去知觉，然后慢慢地享用蜗牛大餐。

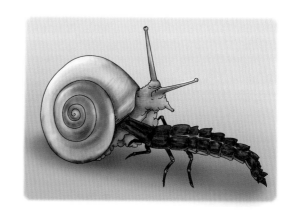

凤仙花开

凤仙花又叫指甲花，因为它的花朵可以用来染指甲。凤仙花的果实也很特别，能够在成熟时突然裂开，将种子弹射出去。小朋友们如果第一年种了一棵凤仙花，第二年春天会发现许多凤仙花小苗从周边的土里钻出来，那都是凤仙花自己播种的成果呢。

① 凤仙花加明矾捣烂。

② 敷到指甲上。

③ 用布或保鲜膜包起来。

④ 可在睡觉前染，第二天早上就染好了。

古诗词里的大暑

夏日山中
〔唐〕李白
懒摇白羽扇，裸袒青林中。
脱巾挂石壁，露顶洒松风。

夏夜追凉
〔宋〕杨万里
夜热依然午热同，开门小立月明中。
竹深树密虫鸣处，时有微凉不是风。

汉字里的大暑

甲骨文

金文

小篆

隶书

楷书

甲骨文和金文的"大"是一个两手伸开、两腿分开站立的正面人形，它的本义就是大人。后来，"大"引申出了大小的"大"。人们用这个字来形容事物的体积、数量、规模大，和它意思相反的字是"小"。

小篆

隶书

楷书

小篆的"热"，下面是"火"，说明与火有关。"热"本来的意思是温度高。偏旁"火"后来演化成了四个点，带这个偏旁的汉字，大部分与火有关。

47

大暑美食

解暑汤

三伏天闷热难耐，人们会熬制清热解暑的汤来喝，比如绿豆汤、酸梅汤、烧仙草等。酸梅汤是将乌梅、甘草、山楂、冰糖等放在一起熬煮。做烧仙草要用到一种药食两用的植物——仙草。这种草正是由于良好的消暑功效才被人们称赞为"仙草"。

俗语谚语里的大暑

大暑小暑，上蒸下煮

小暑和大暑节气是一年中最热的时候。人仿佛被放在蒸笼里蒸，被放在水中煮。

人在屋里热得跳，稻在田里哈哈笑

水稻喜欢高温多湿的环境，三伏天里的炎热虽然让人难以忍受，但有利于水稻的生长。

考考你

萤火虫的幼虫喜欢吃什么？

试试看　自制松果湿度计

松果有一层层的鳞片，这些鳞片能够随着环境中水分的多少而开合。利用这一点，我们可以自制一个松果湿度计，虽然不会有很准确的读数，但是看着松果慢慢开合的过程也是相当神奇的体验呢。

① 选择松果上部的一片鳞片，粘贴固定一根珠针（带珠子的大头针）。

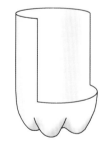

② 将塑料瓶上部剪去，再将侧面剪去一半瓶身。

③ 放入松果，将松果的底部和瓶底粘牢。

在自然环境中，松果随湿度开合对繁衍有何好处？

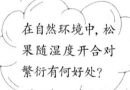

④ 剪一张大小合适的网格纸，贴着瓶子的侧面粘贴好。

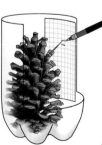

⑤ 在网格纸上用笔标出目前珠针所指的位置。

⑥ 将这个松果湿度计放到室外过夜，第二天再次用笔标注珠针所指的位置，并在旁边写上当时天气预报中的湿度。这一步可以多做几次，这样你就可以标出更多刻度。

一个自制松果湿度计就做好啦。今后你可以根据珠针所指的位置了解当前的湿度情况。

一候凉风至

此时我国不少地区开始刮偏北风，风中带着丝丝凉意。为什么北风一吹，天气就变冷了呢？这是因为在我国，西北方比东南方寒冷。秋冬季节，西北方的寒冷空气吹来，温度就会下降；而在春夏季节，东南方的空气则会带来温热。

二候白露降

秋天的清晨，我们很容易在草叶上发现一粒粒晶莹剔透的露珠。它们是从天上降落下来的吗？不是，露珠其实是靠近地面的空气中所含的水蒸气遇冷凝结而成的。

三候寒蝉鸣

秋蝉感受到了寒意，使劲鸣叫。还记得夏至二候的"蜩始鸣"吗？寒蝉比蜩个头更小，叫声听起来更加凄切悲凉。随着秋天的到来，蝉的生命即将走到尽头，这是它们最后的歌唱了。

梧桐落叶

秋天一到，梧桐就开始落叶，成语"一叶知秋"便与此有关。不过，这里说的梧桐，不是我们常在路边看到的"法国梧桐"。法国梧桐其实叫"悬铃木"，因为结果时像悬着一个个小铃铛而得名。中国的梧桐，又叫青桐。它树皮青绿光滑，叶子的形状与悬铃木差别很大。

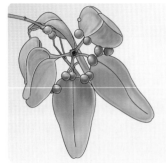

梧桐

悬铃木

花椒成熟

花椒是我国土生土长的植物，它的果实花椒粒是家喻户晓的香料。拌凉菜时的花椒油、麻辣火锅里的麻味，都离不开它。

立秋前后的重要节日——七夕节

农历七月初七是七夕节，又叫乞巧节。传说，王母娘娘在天上划了一道银河，将相爱的牛郎和织女分开了。两人从此隔河相望，不过七夕这一天，喜鹊们会来帮忙，它们用身体架起一座鹊桥，让牛郎织女相会。因为这个美好的传说，七夕节成了象征爱情的节日，可以说是中国的"情人节"呢。

汉字里的立秋

甲骨文　　金文　　小篆　　隶书　　楷书

《说文解字》解释："秋，禾谷熟也。"秋就是谷物成熟的意思。不过，甲骨文、金文的"秋"却像只小虫子，这是怎么回事呢？原来秋天时常能听到虫鸣，古人便借用虫的样子来指代秋天。

小篆　　　　隶书　　　　楷书

小篆的"收"，左边像互相缠绕的绳子，右边像手拿着棍棒击打的样子。《说文解字》解释："收，捕也。"这个字最初的意思就是抓捕。

古诗词里的立秋

秋夕

〔唐〕杜牧

银烛秋光冷画屏，轻罗小扇扑流萤。
天阶夜色凉如水，卧看牵牛织女星。

立秋日

〔宋〕刘翰

乳鸦啼散玉屏空，一枕新凉一扇风。
睡起秋风无觅处，满阶梧叶月明中。

立秋美食

桃子

桃子是我国南北地区常见的一种水果。桃有毛桃、蟠桃、油桃等不同的品种，它们的成熟时间有早有晚，我们可以从初夏一直吃到初秋。

油桃 5~7月成熟　　毛桃 7~9月成熟　　蟠桃 8~9月成熟

试试看 观星

晴朗无云的秋天夜晚，是观察星空的好时候。

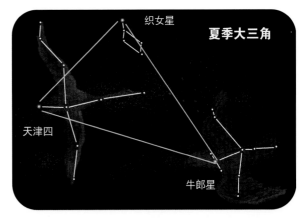

晚8点~10点，牛郎星和织女星正好位于头顶上方。再加上天津四，这三颗亮星组成了夏秋夜晚最容易观察到的"夏季大三角"。其中，织女星下方有4颗较暗的星，它们是传说中织女织布时用的梭子。牛郎星的两旁各有1颗小星，相传是牛郎用扁担挑着的一对儿女。

俗语谚语里的立秋

秋老虎

立秋前后，天气仍然很热，有时还会升温，人们把这样的天气叫"秋老虎"。"秋老虎"虽然威风，但毕竟持续不了多久，天气的总趋势是慢慢变凉的。

立秋雨淋淋，遍地是黄金

在北方，玉米、水稻、大豆等农作物正在结籽，需要大量的水分。这时如果雨水多，农民就有望获得好收成。

考考你

露珠是怎样形成的？

制作观星箱

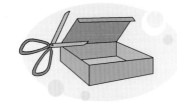

❶ 找一个纸盒，用剪刀剪去盖子。

❷ 将纸盒的长、宽平均分成相等的份，四边用笔做上标记。

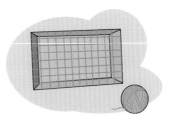

❸ 按照标记粘贴细绳，形成均匀的网格。

❹ 在盒子底部钻一个孔，通过这个孔来观星。一个简易观星箱就做好啦！

特别提醒 使用剪刀时，注意安全。

处暑

（8月22日—24日）

"处"是停止的意思。处暑意味着炎热的暑天结束了。从处暑开始，我国大部分地区气温下降，降水逐渐减少。秋风送凉，天高气爽，正是一年中最舒服的时候。

我是处暑小仙女，有点想念姐妹们了，快把我带回去吧！

把这个黄绿皮剥掉，晒干后就是你常见的核桃的样子啦。

我吃的核桃为什么是褐色硬壳的？

核桃外面的青皮开始有裂口，颜色变成黄绿色，便成熟啦。

"处暑高粱遍地红。"高粱米可以酿酒，高粱秆可以用来编笤帚、盖帘等。

53

处暑三候

一候鹰乃祭鸟

小暑前后，鹰已经开始抓捕猎物了。到了处暑，它们就开始大量捕猎，天上的飞鸟是鹰主要的捕食对象。不过，鹰不会把捕杀的鸟立即吃掉，而是先把猎物排成一排，像在祭祀一样。说到这里，你是不是想起了前面有一种动物也有类似的行为？

二候天地始肃

秋风吹过，草木枯黄，花朵凋谢，天地间万物都像秋叶一般凋零，显得寂寞悲凉。古人认为这反映了天地的肃杀之气。

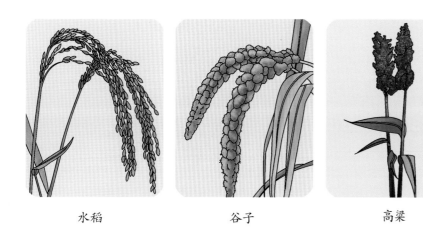

水稻　　　　谷子　　　　高粱

三候禾乃登

"禾"指各种谷物，"登"是成熟、丰收的意思。处暑时节，水稻、高粱、谷子（去皮后俗称小米）等纷纷成熟。经历了春夏的辛苦劳作，五谷丰登的时候终于到来了！

木槿繁盛
jǐn

木槿花期很长，能从7月一直开到10月。处暑时节，木槿花开得正盛。它会在清晨盛开，在傍晚时分把花瓣合拢。一朵木槿花只开一天，之后便逐渐凋落，所以人们又叫它朝开暮落花。但整棵木槿树，从夏末到秋末，会一直开花。

蚂蚱跳跃

草丛里能见到蹦跳的蚂蚱。蚂蚱又叫蝗虫，是一种食草昆虫，生命力非常强。有时遇上特殊气候，蝗虫便集结成群，飞往食物充足的地方。它们会将沿途各种植物一扫而光，造成可怕的"蝗灾"。

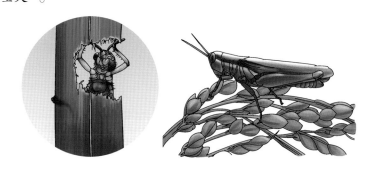

| 金文 | 小篆 | 隶书 | 楷书 |

金文的"处"，像一个人倚靠着小桌子休息的样子。《说文解字》说："处，止也，得几而止。"这个字最初的意思就是中止、停止。

| 甲骨文 | 金文 | 小篆 | 隶书 | 楷书 |

金文"祭"的上半部分，左边是一块肉，右边是一只手，下面像祭祀用的桌子，合起来表示用手捧着肉祭祀神灵。祭的本义便是祭礼。

古诗词里的处暑

山居秋暝

〔唐〕王维

空山新雨后，天气晚来秋。
明月松间照，清泉石上流。
竹喧归浣女，莲动下渔舟。
随意春芳歇，王孙自可留。

悯农

〔唐〕李绅

春种一粒粟，秋收万颗子。
四海无闲田，农夫犹饿死。

每年的农历七月十五是中元节，这是一个纪念已逝亲人的节日，民间有在夜晚放荷花灯来思念亲人的传统。

处暑前后的重要节日：中元节

处暑美食

葡萄

葡萄吃起来酸甜可口，它的甜味主要来自葡萄糖。葡萄糖能很快被人体吸收，所以当我们低血糖时，及时喝一杯葡萄汁或葡萄糖水就能很快缓解。我们还可以把葡萄晾晒后做成葡萄干。

俗语谚语里的处暑

处暑满地黄，家家修廪^{lǐn}仓

廪仓是存放粮食的仓库。处暑时节，各类谷物都成熟了，田野里一片金黄。家家户户都开始修补整理仓库，为即将到来的收获季节做准备。

收秋一马虎，鸟雀撑破肚

秋收要抓紧时间，稍有耽误，谷粒就会因为过于成熟而掉到田里。落在田野里的谷粒，就成了鸟雀们的食物。

考考你

我们平常吃的核桃有褐色硬壳，跟树上结的核桃的外观很不一样，这是为什么？

试试看 六谷连连看

《三字经》中说："稻粱菽^{shū}，麦黍稷^{shǔ jì}，此六谷，人所食。" 稻、粱、菽、麦、黍和稷六种谷物是我国的传统粮食作物，你能把它们的植株和果实正确连起来吗？

稻去壳后就是大米。

粱高粱，籽粒可以酿酒。

菽各种豆类，如黄豆、绿豆、红豆。

麦各种麦子，如小麦、大麦。

黍去壳后是黄黏米，煮熟后有黏性，可以酿酒、做粘糕。

稷又叫谷子，去壳后就是小米。小米跟黄黏米都是黄色的，但它比黄黏米小。

56

我是白露小仙女，快来回答我的问题，加油！

白露

(9月7日-9日)

白露节气时，很容易看到许多露水。这是因为白天天气热，但太阳一落山，温度就迅速下降，空气中的水蒸气遇冷变成了小水滴，附着在草叶、花瓣上。还记得立秋的第二候"白露降"吗？那时清晨的草叶上还只是有零星的露水，但到了白露节气，就遍地是露水了。

嫩玉米掰下来可以煮着吃，老玉米掰下来可以磨成玉米面儿。

摘下来的棉花再经过加工，就可以做成棉线、棉布、棉衣、棉被等。

一候鸿雁来

还记得雨水节气的第二候"候雁北"吗？当时因为北方天气变暖，大雁从南方飞往北方。而到了白露，大雁感受到寒冷，又启程飞往南方去觅食。

二候元鸟归

元鸟就是燕子，它和大雁一样，也要和北方的人们暂时告别，飞往南方过冬去了。燕子和大雁在南飞之前要吃很多食物，以储存能量。还记得燕子是什么时候来到北方的吗？

三候群鸟养羞

和燕子、大雁不同，有的鸟一年四季都生活在同一个地区，比如喜鹊、麻雀、老鹰、松鸦等。它们虽然不迁徙，却需要开始储存食物，因为天气冷了就找不到吃的了。"羞"同"馐"，在这里指美味的食物。

松鸦藏食

松鸦是中国北方山地森林中常见的鸟类。它们很聪明，会在秋天把成熟的橡子藏到很多个土洞里，等到冬天再吃。不过它们的记性却不太好，总有一些橡子被遗忘在土中，时间一长便生根发芽，长成了树苗。据研究，每只松鸦每年"播种"的橡子超过1000颗呢。

58

桂花飘香

　　桂花的花朵很小，颜色多为黄色或橙红色，香气浓郁。桂花不仅能观赏，还能做成美食，比如桂花茶、桂花米酒等。传说月亮中有一棵神树就是桂花树呢。

汉字里的白露

| 甲骨文 | 金文 | 小篆 | 隶书 | 楷书 |

　　甲骨文的"白"像太阳刚刚从地面升起，光芒闪耀的样子。太阳升起的时候，天是不是就白了、亮了呀？所以白最初的意思就是明亮。

| 小篆 | 隶书 | 楷书 |

　　小篆的"露"，上面是雨字头，说明这个字和雨水有关；下面是"路"，表示读音。《说文解字》："露，润泽也。"这个字最初的意思就是露水。

古诗词里的白露

白露

〔唐〕杜甫

白露团甘子，清晨散马蹄。
圃开连石树，船渡入江溪。
凭几看鱼乐，回鞭急鸟栖。
渐知秋实美，幽径恐多蹊。

白露美食

枣

白露前后，树上的枣成熟啦！由于鲜枣不易保存，人们往往会留一些枣不摘，让它们在树上继续成熟、风干，霜降前后再用竹竿打下来，这就是我们常吃的干红枣了。

俗语谚语里的白露

白露秋分夜，一夜凉一夜

白露过后，天气一天比一天凉爽，夜晚更是如此。而且白天和夜晚的温差越来越大。

喝了白露水，蚊子闭了嘴

白露节气，蚊子就不咬人了吗？不是哦，只是蚊子的数量明显减少了。因为气温降低后，不再适合蚊子繁殖后代了。

考考你

天气越来越冷，冬天就要到了，鸟类是如何为过冬做准备的呢？

试试看

观鸟

白露节气，鸟类活动频繁。它们有的忙着迁徙，有的抓紧觅食，有的储藏食物。带上一个观鸟望远镜（一般为8倍左右焦距），我们就能探索神奇的鸟类世界啦。

观鸟时的注意事项

① 选择贴近自然颜色的衣服，穿舒适的运动鞋。

② 注意轻言细语，举止轻柔，不要把鸟吓跑。

③ 和鸟类保持足够的距离。将一只手向前伸直，并竖起大拇指，当大拇指刚好盖住远处鸟的身影时，说明不能再靠近了。

④ 千万不能用望远镜观察太阳，否则太阳光会严重伤害眼睛。

秋分三候

一候雷始收声

秋分以后,雷电渐渐消失。还记得哪个节气"雷乃发声"吗?没错,是春分节气。

银杏结种

到了秋分前后,银杏树会结出金黄色的"杏",这其实是银杏树的种子。它可跟杏树的果实完全不一样,不仅闻起来臭烘烘的,而且果肉是有毒的。银杏树分为雌树和雄树,只有雌树会结出这样的种子。

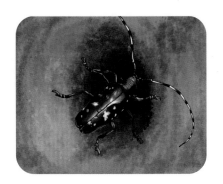

二候蛰虫培户

培,就是给植物、墙等的根基垒土。天气渐渐变冷,小动物们开始为过冬做准备。它们藏入洞穴中,并且用细土把洞口封好,用来阻挡寒气的入侵。

瓢虫聚集

天气变凉后,有时能在树皮上见到许多瓢虫聚集在一起,这是在干什么呢?其实它们是在集体寻找缝隙,要钻进去过冬呢。大部分瓢虫是农民的好朋友,它们会帮忙吃掉许多害虫。

三候水始涸^{hé}

下雨的天气越来越少,秋高气爽,天气干燥。由于水蒸发得很快,一些较浅的溪流、池塘逐渐干涸。

汉字里的秋分

| 甲骨文 | 金文 | 小篆 | 隶书 | 楷书 |

甲骨文的"雷"，中间像一道闪电，两侧的方形表示雷声，组合起来就是一幅电闪雷鸣图。"雷"字本来的意思是云层放电时发出的巨响。

| 甲骨文 | 金文 | 小篆 | 隶书 | 楷书 |

甲骨文的"户"，画的是半扇门的样子。《说文解字》这样解释："户，半门曰户。"这个字最初的意思就是单扇门。

古诗词里的秋分

水调歌头（节选）

〔宋〕苏轼

人有悲欢离合，月有阴晴圆缺，此事古难全。但愿人长久，千里共婵娟。

秋词

〔唐〕刘禹锡

自古逢秋悲寂寥，我言秋日胜春朝。晴空一鹤排云上，便引诗情到碧霄。

秋分前后的重要节日：中秋节

农历八月十五是中秋节，中秋节其实源自古人对月亮的崇拜，是由传统的"祭月"发展而来的。后来，中秋节跟嫦娥奔月、吴刚伐桂等神话故事结合在一起，变得浪漫多彩。这一天，家人们往往会围坐一起，一边吃月饼一边赏月。农民也借机庆祝丰收，因为不少庄稼、水果都在这个时候成熟收获。2018年，我国设立了"中国农民丰收节"，时间就是每年的秋分。农民伯伯有了专门的庆祝节日，他们往往在这一天举行各种活动。

秋分美食

螃蟹

俗话说"秋分食蟹忙"，秋分时节大闸蟹成熟了，人们纷纷开始吃蟹。大闸蟹肉嫩鲜美，营养丰富。大闸蟹分公蟹和母蟹，肚脐呈三角形的是公蟹，呈圆形的是母蟹。

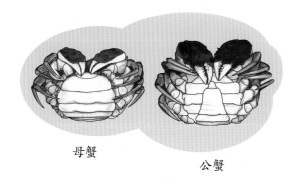

母蟹　　　公蟹

俗语谚语里的秋分

白露秋分菜，秋分寒露麦

这句谚语适用于我国北方黄淮地区。白露和秋分节气，可以种植一些耐寒的蔬菜，如菠菜、香菜、生菜等，而秋分和寒露节气，则到了播种冬小麦的时候。

秋分不出头，割了喂老牛

秋分时天气已经变冷，之后会越来越冷，如果这时该收获的庄稼还没有结穗，后面也无法正常结穗了，只能把秸秆收割了当作动物饲料。

香菜

菠菜

考考你

冬小麦从播种到收获需要几个月？

试试看　自制冰皮月饼

大多数月饼的饼皮是金黄色的，冰皮月饼的皮是白色的，而且需要冷藏保存，所以叫"冰皮月饼"。它无需烘烤，制作简单，口感酥软。

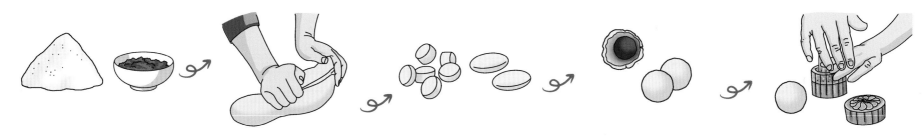

① 准备150克冰皮月饼粉和200克红豆沙馅料。

② 在冰皮月饼粉中加60克水，搅拌均匀，揉成面团。

③ 将面团分成小份，搓圆后压扁。

④ 在压扁的面皮中间放上一团红豆沙馅料，包好后搓成圆球。

⑤ 放入月饼模子中，用力按压，一块冰皮月饼就做好啦。冷藏后口感更佳哦。

寒露三候

欢迎你们，我们一个月前就到啦！

一候鸿雁来宾

白露一候是"鸿雁来"，而寒露一候是"鸿雁来宾"，两个节气都有大雁，但寒露多了个"宾"字，这是怎么回事呢？原来，大雁从北方迁徙到南方是陆续进行、有先有后的。古人认为，先到为主，后至为宾。也就是说，先到达南方的大雁就是那里的主人，后到的大雁就是宾客了，所以叫"鸿雁来宾"。

二候雀入大水为蛤 (gé)

雀指的是类似麻雀的小型雀鸟，蛤则是海里的一种小贝壳。天气寒冷，雀鸟都躲起来不见踪影，而海边的沙滩上却突然出现很多蛤蜊。再加上这些贝壳有着和雀鸟类似的颜色、花纹，古人就误认为这些蛤蜊是雀鸟变成的。

黄豆裂开豆荚 (jiá)

黄豆是一种可以自己帮自己播种的聪明植物。寒露节气，如果地里还剩下几棵黄豆忘记收了，豆荚就会在太阳的照射下，变干、开裂、卷曲，将里面的种子弹射出去。

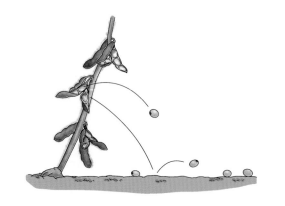

三候菊有黄华

意思是菊花开出了金黄色的花朵。不过，菊花不止有黄色，还有白色、粉色、紫色等。

金银木缀红果

金银木在春天开花，花谢后结出的绿色果实藏在绿叶里很不起眼。但到了深秋，它们便换上红装，仿佛在招呼小鸟们：这里有果实，快来品尝，同时帮我们传播种子吧！不过，金银木的果实并不好吃，鸟儿们一般都等到实在没有食物吃了才会来吃它。

古诗词里的寒露

九月九日忆山东兄弟

〔唐〕王维

独在异乡为异客，每逢佳节倍思亲。
遥知兄弟登高处，遍插茱萸少一人。

汉字里的寒露

| 金文 | 小篆 | 隶书 | 楷书 |

金文的"寒"，最外面是房屋，屋中间有一个人，人四周有很多草，下面的两横像草席。合起来像人垫着或盖着草在屋中待着。当天气寒冷的时候，远古时期的人们大概就是这样避寒的吧。

| 金文 | 小篆 | 隶书 | 楷书 |

金文的"华"，像一朵花的样子。小篆的"华"就更像花朵了。"华"最初的意思是草木的花朵。还记得惊蛰的"桃始华"和清明的"桐始华"吗？

寒露前后的重要节日：重阳节

农历九月初九是重阳节，古人认为"九"是最大的数字，重阳节有两个"九"，就更值得庆贺了。庆祝重阳节的活动丰富多彩，比如登高望远、赏菊花、插茱萸（zhū yú）、吃重阳糕、饮菊花酒等。"九"也象征长长久久、长寿尊贵，所以这一天也是敬老节。小朋友们要记得给老人送去健康长寿的祝福哟。

寒露美食

苹果、梨、山楂

枝头的苹果、梨子、山楂，之前还藏在绿叶里不起眼，现在都变成了鲜艳的红色或黄色。对于人类来说，这是令人垂涎的美味。对于植物自己来说，美味的果肉只是诱饵，让鸟类帮忙传播藏在里面已经成熟的种子才是目的。

俗语谚语里的寒露

寒露脚不露

寒露时天气寒冷，穿衣服要注意保暖，不要露着脚踝，否则容易着凉。

白露种葱，寒露种蒜

白露时可以撒葱籽，寒露时可以种蒜瓣。这两种在深秋种植的作物，都非常耐寒，可以在室外越冬。

考考你

金银木的果实变成鲜艳的红色，对它自己有什么好处？

 试试看 做一个森林面具

秋天的落叶形态各异、颜色绚烂，可以捡拾一些，做一个森林面具。

❶ 捡拾一些落叶。

❷ 从硬纸板上剪一个长方形纸片，宽10厘米，长24厘米。在脸上比一比，标出眼睛的位置。

❸ 在标示处剪出洞，再把纸片四周修剪出眼罩的轮廓。

❹ 两端各打一个洞，穿入绳子并打结固定。

❺ 用胶水把喜欢的树叶粘到面具表面，酷酷的面具就做好啦。

特别提醒 标示眼睛位置、给纸打洞和穿孔应请家长帮助。

霜降

(10月22日—24日)

我是霜降小仙女。你们要是答不出我的问题，我就去吃好吃的啦!

霜降是秋天的最后一个节气，表明秋天要结束了，寒冷的冬天快到了。这时候，清晨的草叶上出现的不再是露水，而是一层白霜。

可以吃香喷喷的烤红薯喽!

地里的红薯长大了，要把它们挖出来。

莲藕长在淤泥里，收获时最怕折断灌进泥水。经验丰富的藕农会用脚探摸，能把整条藕完整地取出来。

三候蛰虫咸俯

"咸"是都的意思，"俯"是蛰伏。霜降过后，各种小虫子、小动物会找一个安全的地方，蜷缩起来进入或浅或深的睡眠。蜗牛会藏到大石头下面，蝙蝠则悬挂在山洞里冬眠，青蛙和蛇都躲在洞中。它们不吃不喝，要等到天气回暖、春雷轰鸣的惊蛰节气才会醒来活动。

霜降三候

一候豺乃祭兽

豺狼开始大量捕杀猎物，却不急于享用，而是先摆放在地上，看起来像在举行祭祀仪式。这跟雨水节气的"獭祭鱼"和处暑节气的"鹰乃祭鸟"还真是很像呢。

二候草木黄落

绿色的草渐渐枯黄，树叶也纷纷飘落。不过，落下的叶子会慢慢腐烂分解，变成树木可以利用的营养。

元宝枫变色

元宝枫的叶子有五个尖角，深秋时会变成鲜艳的黄色和红色。因它的果实形状有点像元宝而得名。它的果实还像两片可以旋转着飞落的"飞刀"，这种形状的果实，有利于将里面的种子传播到更远的地方。

汉字里的霜降

小篆

隶书

霜
楷书

《说文解字》解释："霜，露所凝也。"我们知道，靠近地面的空气中含有的水汽遇冷会凝结成露珠，但当气温降到0℃以下时，它们就不再是露珠，会凝结成白色的冰晶，这就是"霜"了。

甲骨文

金文

小篆

降
隶书

降
楷书

甲骨文的"降"，左边画的是两只脚尖朝下的脚，右边是土山，表示从高处向低处走的意思。《说文解字》中解释："降，下也。"

鼠妇出没（mò）

鼠妇就是我们常说的西瓜虫，在遇到危险时会缩成一个圆球。它不喜欢晒太阳，最喜欢待在潮湿阴暗的角落。如果你想观察它，建议去大石头底下或者树根边的草丛里找一找。

古诗词里的霜降

山行

〔唐〕杜牧

远上寒山石径斜，白云生处有人家。
停车坐爱枫林晚，霜叶红于二月花。

枫桥夜泊

〔唐〕张继

月落乌啼霜满天，江枫渔火对愁眠。
姑苏城外寒山寺，夜半钟声到客船。

霜降美食

柿子

我国很多地方有"霜降吃柿子"的传统。柿子刚摘下来时往往不够成熟，吃起来非常涩，放软后味道才甜美可口。柿子可以做成冻柿子、柿饼等，都很美味。

试试看 烤红薯

特别提醒 一定要和大人一起做，小心烫伤！

俗语谚语里的霜降

霜降拔葱，不拔就空

到了霜降时节，菜地里的大葱就要拔出来了，否则就会空心，影响口感。大葱的生长期相当长。白露撒葱籽，第二年清明把葱秧栽到挖好的深沟里，之后随着葱苗生长定期往茎部盖土，这样种出来的大葱葱白又长又嫩，非常美味。

霜降一到，地瓜入窖

地瓜就是红薯，适宜保存的温度为15℃左右，霜降以后气温越来越低，收获的红薯要及时放到地窖中才不会被冻坏。

考考你

霜是如何形成的？

① 选择几个大小差不多的红薯，洗干净。

② 擦干表面水分，放到烤盘里。

③ 烤箱温度设置230℃，先烤30分钟。

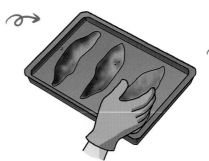

④ 翻面继续烤30分钟。

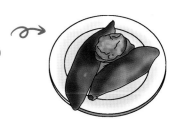

⑤ 美味的烤红薯就做好啦。

立冬三候

一候水始冰

水面上开始结出一层薄冰。不过这只适用于我国北方地区，因为南方的温度还没有降到0℃以下。

二候地始冻

随着气温降低，北方地区土壤里的水也会结冰，土地被冻得硬邦邦的。小朋友拿着铁锹去翻地的话，会发现很难挖得动。

柑橘熟

南方地区，黄橙橙的柑橘挂满了枝头，该采摘啦。柑橘里含有丰富的维生素C，可以增强人体抵抗力。

三候雉入大水为蜃

雉指的是野鸡，它们在立冬以后就躲藏起来了。蜃是海里的一种大型贝壳，又叫大蛤，立冬后常出现在沙滩上。由于它俩的颜色和花纹类似，古人就以为是野鸡变成了大蛤。七十二候中，像这样的情况，你还知道哪些呢？

寒兰开

冬寒兰一般在立冬前后开放，修长的绿叶丛中会冒出一朵朵姿态秀丽的兰花，散发出清幽的香气，令人心旷神怡。

汉字里的立冬

甲骨文

金文

小篆

隶书

楷书

甲骨文的"冬"画的是一根两端都打了结的绳子。在文字发明前,古人用结绳的方法记事。在绳子末端打结,意思是这一条记录已经结束。"冬"最初的意思就是终结,后来专门用来表示一年的终结,也就是冬天。

甲骨文

金文

小篆

隶书

楷书

甲骨文和金文的"冰",像寒冷的冬天里水凝结突起的样子。小篆的"冰",右边加了"水",说明这个字与水有关。"冰"的本义是水冻结而成的固体。

古诗词里的立冬

冬郊行望

〔唐〕王勃

桂密岩花白,梨疏林叶红。
江皋寒望尽,归念断征蓬。

立冬

〔唐〕李白

冻笔新诗懒写,寒炉美酒时温。
醉看墨花月白,恍疑雪满前村。

立冬美食

金橘、橙子、芦柑、丑橘、柚子

它们都属于同一个植物大家族。要想区分,可以看看个头的大小,也可以剥一剥皮。从果实大小看,柚子最大,像个小皮球;丑橘次之,有大人的拳头那么大;橙子、芦柑的个头更小些;金橘最小,比成年人的大拇指稍胖点。芦柑、丑橘容易剥皮,金橘、橙子、柚子不容易剥皮。金橘可以带皮吃。

纺棉线

纺锤是我国历史上最早的纺线工具，一起来体验用纺锤纺线的乐趣吧。

① 取出一些棉花纤维，用手指将其中一端捻搓成线。

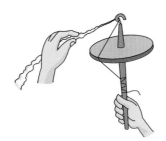

② 将捻出的一小段线缠绕到锤杆上，绕过小铁钩。

③ 一边朝一个方向转动纺锤，一边不断地从另一只手中释放更多的棉花纤维。

④ 纺出较长一段线时要及时缠绕到锤杆上。

俗语谚语里的立冬

立冬补冬，补嘴空

"补冬"是指多吃牛羊肉等营养丰富的食物来补充能量，以抵御寒冷。同时，立冬时一年的农事劳作基本结束，农民也该犒劳辛苦一年的自己啦。

考考你

二十四节气中，像立冬"雉入大水为蜃"这样的物候着实不少呢，你能把这些物候和相应的图片正确连线吗？

清明	大暑	寒露	惊蛰	立冬
田鼠化为鴽	腐草为萤	雀入大水为蛤	鹰化为鸠	雉入大水为蜃

我是小雪小仙女，记得回答我的问题哦。

小雪前后，我国北方地区常会迎来入冬的第一场雪。雪是怎么形成的呢？当气温降到0℃以下，云朵中的小水滴就会凝结成小冰晶，这些小冰晶互相聚合，变得足够大时就会形成雪降下来。不过，这时候下的雪还比较小，落到地面后很快就融化了。而南方地区往往气温还没有降到0℃以下，暂时还不会下雪。

小雪
(11月22日—23日)

可惜雪还不够大，还不能堆雪人呢。

下雪啦！

以前冬天的蔬菜种类很少，人们就把秋天收获的耐储存的蔬菜藏到菜窖里。菜窖一般在地下一两米的位置，温度适宜，蔬菜不容易坏。

小雪三候

一候虹藏不见

还记得彩虹是什么时候出现的吗？它从清明开始出现，到小雪后就消失不见了。彩虹的出现需要空气中有足够多的小水滴，而小雪过后，天气变冷，北方飘雪，南方虽然还会下雨，但空气中的含水量不够多，很难形成彩虹。

雪松绿

寒冷的冬天里，很多树的叶子都快掉光了，但有一些树依然保持苍翠，比如雪松。为什么雪松的叶子能够经受住寒冷呢？原来呀，雪松的叶子细得像一根根针，表面还覆盖着一层蜡质，可以保暖御寒，防止水分快速蒸发。

二候天气上腾，地气下降

三候闭塞而成冬

古人用阴气阳气的运动来解释冬季形成的原因。他们认为天代表阳气，地代表阴气，阴阳交融使万物焕发生机。小雪时天气寒冷，天上的阳气继续上升，地上的阴气继续下降，这样阴阳二气就离得越来越远，不能融合相通，所以天地闭塞，万物凋零，形成了冬季。

月季红

　　月季花花期很长，而且耐寒，甚至能在冬天绽放。月季花的颜色不仅有红、粉、黄、白等单色，还有混合色；花瓣不仅有单瓣，还有不同形态的重瓣。

汉字里的小雪

甲骨文　　金文　　小篆　　隶书　　楷书

　　"雪"的甲骨文字形像雪花飘落的样子。它的上面是雨，表示这个字跟雨水有关；下面则是彗字，表示雪的读音。一种说法认为，彗的本义是扫帚，放在这里寓意雪是可以扫除的。

金文　　小篆　　隶书　　楷书

　　金文的"闭"，上面是两扇门，下面是用来关门的门闩(shuān)。这个字最初的意思是用门闩把门关起来。关上了门就不能通行了，所以引申出了堵塞的意思。

古诗词里的小雪

小雪

〔唐〕戴叔伦

花雪随风不厌看，更多还肯失林峦。

愁人正在书窗下，一片飞来一片寒。

小雪日戏题绝句

〔唐〕张登

甲子徒推小雪天，刺梧犹绿槿花然。

融合长养无时歇，却是炎洲雨露偏。

小雪美食

大白菜

小雪节气，是大白菜收获的时间。北方的冬季，大白菜可以说是主要的时令蔬菜了。俗话说"萝卜白菜保平安"，大白菜含有丰富的维生素C和胡萝卜素，是公认的健康食品。大白菜既可以炒食、做馅，又可以涮火锅、炖汤，是冬季餐桌上必不可少的蔬菜。

俗语谚语里的小雪

小雪不起菜，就要受冻害

小雪节气，地里的大白菜还不采收的话，就会被冻坏，因为室外的温度实在是太低了。

小雪不怕小，扫到田里就是宝

我国北方地区，冬春季节天气干旱，小雪时即使下的雪不厚，也十分珍贵。扫到田里积攒起来，等到春天暖和时，雪便融化成水，对庄稼的生长有好处。

考考你

雪是如何形成的？

试试看　种水仙

入冬后，花市上开始售卖水仙种球，买几个回家用水就能养起来，一般一个月后就能开出芬芳的花朵。

① 去除水仙种球底部的泥块和外层干枯的皮。

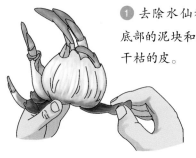

② 摆放到一个大小合适的可以盛水的容器里，可以用小石头帮忙固定。

③ 加水淹没水仙种球的底部约2厘米。

④ 放到阳光充足、温度偏低的地方。温度太高叶子长得太快，后期容易倒伏。

⑤ 之后每天换一次水，一个月左右就会开花哦！

大雪三候

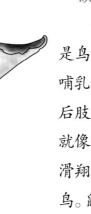

一候鹖旦不鸣

鹖旦又叫寒号鸟，其实它不是鸟，而是一种可以飞翔的小型哺乳动物——鼯鼠。它的前肢与后肢之间有皮肤相连，展开后就像一顶滑翔伞，可以在树林间滑翔穿梭，因此被古人误认为是鸟。鼯鼠喜欢夜间活动，平时夜里常能听到它们的叫声，但大雪节气过后，就听不到了。

二候虎始交

老虎开始求偶、交配。作为百兽之王，老虎平常喜欢独来独往，只有在繁殖季节，才会和异性短暂地生活在一起。

玉兰含苞

冬天里很多树木的叶子已落尽，但凑上前去仔细观察，就会发现不少树木的枝条在严寒中已经孕育着新芽。其中最引人瞩目的便是玉兰的花芽，一个个像毛笔头似的，每一个都裹上了许多层"绒毛外套"，怪不得不怕冷呢。

三候荔挺出

荔，就是马蔺草。它在大雪时节的严寒中破土而出，在春天长出葱翠的叶子，五、六月时开出漂亮的蓝紫色花朵。它的叶子可以用来捆扎粽子。

红豆杉果实累累

红豆杉苍翠的叶子下面，缀着一颗颗鲜红晶莹的种子。红豆杉是250万年前第四纪冰川时代遗留下来的植物，被誉为"植物中的大熊猫"。目前野生红豆杉是珍稀濒危物种，是我国的一级保护植物。

古诗词里的大雪

逢雪宿芙蓉山主人
〔唐〕刘长卿
日暮苍山远，天寒白屋贫。
柴门闻犬吠，风雪夜归人。

问刘十九
〔唐〕白居易
绿蚁新醅酒，红泥小火炉。
晚来天欲雪，能饮一杯无？

汉字里的大雪

| 甲骨文 | 金文 | 小篆 | 隶书 | 楷书 |

甲骨文的"豆"，长得像一个高脚器皿，它的本义就是古代用来放肉的食器。《说文解字》说："豆，古食肉器也。"

| 甲骨文 | 金文 | 小篆 | 隶书 | 楷书 |

甲骨文的"虎"，是一只栩栩如生的猛虎形象，之后字形不断简化。《说文解字》说："虎，山兽之君。"

大雪美食

糖葫芦

糖葫芦是我国的传统小吃，一般用山楂做成。首先用竹签把山楂果串成串，然后裹上熬化的糖稀，再冷冻一下让糖稀变硬。这样做出来的糖葫芦，不仅有糖的甜味、山楂的酸味，还有一种冰爽的口感，让人回味无穷。

俗语谚语里的大雪

瑞雪兆丰年

冬天下大雪意味着第二年庄稼能有好收成，这是因为积雪不仅可以冻死农田里害虫的虫卵，还能为来年农作物的生长提供水分。

下雪不冷化雪冷

在下雪时人们感觉不太冷，而在雪过天晴、积雪融化时反而感觉很冷。这是为什么呢？因为雪融化时要从环境中吸收热量，而雪形成时会释放出热量。

考考你

为什么冬天下大雪意味着第二年庄稼能有好收成呢？

立体雪花

我们一起用彩纸做一朵雪花，留住它的美丽吧。

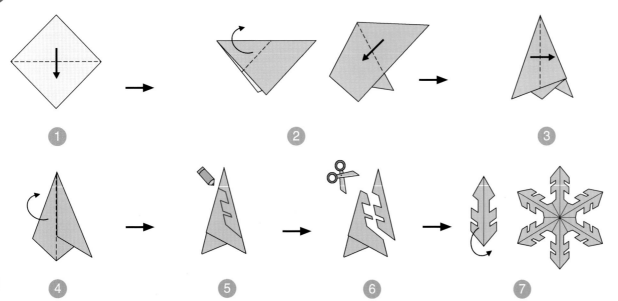

① 准备一张正方形纸，先对折成三角形。

② 一头沿最长边的中心向后折，一头向前折，注意折完后前后是完全重叠的。

③ 最上面的三角形向右折。

④ 下面的部分向后对折。

⑤ 用铅笔画出要剪的形状。

⑥ 沿铅笔线，用剪刀剪下来。

⑦ 把花样展开就是一朵美丽的雪花啦。

冬至是二十四节气中最早被制订出来的节气。冬至这一天的特点非常鲜明：北半球白天的长度到达一年中最短；正午在太阳的照射下，人或物体的影子最长；太阳直射地球的位置到达最南端——南回归线。有没有发现这和夏至节气的三个"最"刚好相反呢？

冬至

(12月21日—23日)

为了让大棚里的瓜果蔬菜有足够的阳光，要在清晨揭开棚顶的遮挡布，傍晚太阳落山后再盖上保温。

冬至这一天，我国北方地区有吃水饺的习俗。

冬至三候

一候蚯蚓结

蚯蚓怕冷，不能在0℃以下生活。那它们怎么熬过冰天雪地的冬季呢？原来，它们在冬天会钻到更加温暖的土壤深处。同时，身子会像打了绳结般蜷缩着，进入冬眠状态。

二候麋_{mí}角解

"麋"指的是麋鹿，是世界珍稀动物。麋鹿和普通的鹿一样，雄鹿有着一对长长的角。它的角在冬至前后脱落，第二年春天又长出新的来。

山茶花开

山茶花香气宜人，深受人们喜爱。南方人家的房前屋后，经常种有几棵山茶花。山茶花的花期较长，能从11月一直开到次年的3月左右。

三候水泉动

虽然地面上还是一派冰天雪地的景象，但地下的泉水在流动。这是因为土壤有保温作用，一定深度以下的地下水不受冬季大气温度的影响，不会结冰。

汉字里的冬至

甲骨文　　金文　　小篆　　隶书　　楷书

甲骨文的"角"是一个牛角的样子。大多数动物用坚硬的角来攻击敌人，保护自己。

甲骨文　　金文　　小篆　　隶书　　楷书

在甲骨文的"解"中，可以找到上面所说的牛角形象。牛角的两边，各有一只手，下方是一头牛的样子。这个字最初的意思是双手拉着牛头剖解牛角。

古诗词里的冬至

江雪

〔唐〕柳宗元

千山鸟飞绝，万径人踪灭。

孤舟蓑笠翁，独钓寒江雪。

邯郸冬至夜思家

〔唐〕白居易

邯郸驿里逢冬至，抱膝灯前影伴身。

想得家中夜深坐，还应说着远行人。

俗语谚语里的冬至

过了冬至就进九

小朋友们听说过《九九歌》吗？从冬至这天开始，每九天为一个"九"，依次是"一九""二九"……一直到"九九"。数完九九八十一天，冬天就过完了。

九九歌

一九二九不出手，

三九四九冰上走，

五九六九沿河看柳，

七九河开，八九雁来，

九九加一九，

耕牛遍地走。

冬至美食

俗话说"冬至大如年"，古代有以冬至为岁首的，古人把冬至甚至看得比过年还重要。为了庆祝冬至，我国各地有不同的饮食习俗。在北方，一家子要聚在一起，热热闹闹地吃饺子；南方地区有的会吃汤圆，有的吃红豆糯米饭……

试试看 画九九消寒图
这九九八十一天数忘了怎么办？瞧，古人发明了好方法——画"九九消寒图"。

"九九消寒图"的画法：
任选一朵花，从冬至日开始，每天为一个花瓣涂上颜色，涂完一朵梅花，就过了一个"九"。这样涂完九朵梅花，便冬去春来啦。

考考你

请为夏至和冬至选择正确的选项。

夏至（　　　）　　冬至（　　　）

A. 北半球正午物体影子一年中最短　　B. 北半球正午物体影子一年中最长

C. 北半球白天的长度一年中最短　　D. 北半球白天的长度一年中最长

E. 北半球太阳直射地球的位置到达最南端——南回归线

F. 北半球太阳直射地球的位置到达最北端——北回归线

小寒

（1月5日—7日）

冬至过后，虽然白天的时间越来越长，但气温却一天比一天低。小寒节气，刚好在"三九"时段内，标志着一年中最寒冷的日子开始了。同时，也到了农历的最后一个月，也就是我们常说的"腊月"。

我是小寒小仙女。有谁能答出我的问题吗？

大雪过后，及时摇落果树上的积雪，防止厚厚的积雪压断果枝。

把稻草、秸秆等覆盖在菜畦上，给蔬菜保温。

小寒三候

一候雁北乡

大雁开始从南方迁徙，回到北方。大雁的迁徙是陆续进行、有先有后的。从小寒到雨水，大雁陆续从南往北飞；而从白露到寒露，则先后从北往南飞。大雁在二十四节气的物候中一共出现了四次，是出现最频繁的动物了。

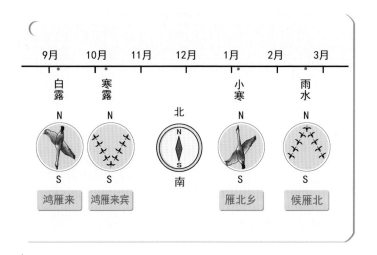

9月	10月	11月	12月	1月	2月	3月
白露	寒露	北		小寒	雨水	
鸿雁来	鸿雁来宾	南		雁北乡	候雁北	

二候鹊始巢

喜鹊窝远看像一大堆乱枝，其实它相当精巧。上有顶盖，可以遮雨，侧面留有圆洞，作为出入口，里面还垫了柔软的枯草、羽毛。喜鹊通常在高大树木的顶端筑巢。完成这样一个鸟巢，需要雌雄喜鹊互相配合工作4个月之久。

三候雉始雊（gòu）

"雊"是雉鸡鸣叫的意思。雉鸡开始活跃在田间地头，时常发出叫声。还记得之前有一候也曾提到过雉鸡吗？对，立冬时的"雉入大水为蜃"。立冬时雉鸡不见了踪影，但到了小寒节气，它就又出现了。

蜡梅金黄

　　蜡梅在小寒前后开花，花朵是金黄色的。蜡梅之所以叫"蜡"梅，是因为它的花瓣很有光泽，仿佛是用黄蜡制成的。

小寒前后的重要节日：腊八节

　　农历十二月初八是腊八节。喝着家人精心熬煮的腊八粥，和家人一起剥蒜、腌腊八蒜，都是寒冬腊月里的温馨时刻呢。

汉字里的小寒

金文

小篆

隶书

楷书

　　小篆的"巢"，下边是树木，树上是三只鸟和一个鸟窝，生动地描绘出鸟栖息在树上鸟窝中的场景。巢的本义是鸟窝。

小篆

隶书

楷书

　　小篆的"臘"，左边是肉，表示祭祀用的肉类；右边是鼡（liè），表示"臘"的读音。臘的本义就是古人在岁终（农历十二月）举行的祭祀。后来，这个字简化为腊。久而久之，冬季的最后一个月也被称为"腊月"了。冬天腌制后风干或熏干的肉也称"腊肉"。

古诗词里的小寒

咏雪

一片两片三四片，五六七八九十片。
千片万片无数片，飞入梅花总不见。

梅花

〔宋〕王安石
墙角数枝梅，凌寒独自开。
遥知不是雪，为有暗香来。

小寒美食

羊肉

小寒节气时的羊肉肉质鲜嫩，热气腾腾的火锅，是不可错过的冬日美食。

试试看

泡腊八蒜

① 剥去蒜皮，洗净晾干。

② 把蒜放入干净无油的玻璃瓶中，倒入醋，直到刚好淹没蒜。

③ 盖紧盖子，放到温度较低的地方。过几天，你会发现瓶中的蒜慢慢变绿了。

④ 泡20天左右，就可以开盖食用了。

俗语谚语里的小寒

过了腊八就是年

过年歌

小孩小孩你别馋，过了腊八就是年。腊八粥，喝几天，哩哩啦啦二十三。二十三，糖瓜粘；二十四，扫房子；二十五，做豆腐；二十六，煮煮肉；二十七，杀年鸡；二十八，把面发；二十九，蒸馒头；三十晚上玩一宿，大年初一扭一扭。

考考你

四个出现大雁的节气中，大雁分别是往南飞还是往北飞呢？

白露

寒露　　　往南飞

小寒　　　往北飞

雨水

大寒三候

一候鸡始乳

鸡妈妈开始孵蛋了,它用自己的体温来保持鸡蛋的温度。选择什么样的鸡蛋给母鸡孵很重要。我们从超市买的鸡蛋绝大部分都不是母鸡和公鸡交配后产下的,这样的鸡蛋是无法孵化出小鸡的。只有母鸡和公鸡交配后产下的鸡蛋,才有可能孵化出小鸡。

梅花飘香

南方地区的梅花开了,散发着怡人的清香。"梅花香自苦寒来",人们认为梅花经过寒冷的磨炼才能有如此的香气。不过,梅花其实并没有那么耐寒。它是南方地区的植物,在更寒冷的北方,梅花得养在室内才能开花。

二候征鸟厉疾

"征鸟"指的是老鹰这类凶猛且远飞的鸟。"厉"就是猛烈的意思,"疾"是迅速、快。老鹰会更加凶猛快速地扑向猎物,因为寒冷让食物更难获得了。老鹰只有在空中不停地盘旋、寻找猎物,才能填饱肚子。

三候水泽腹坚

冰一直冻到河、湖的中央,而且冰层十分坚实,都冻透了。这时,小朋友就可以玩各种冰上游戏啦!在古代,人们还会在这个时候采集厚厚的冰块,放入地窖,留到第二年夏季使用。

香菇味美

香菇是一种耐寒的蘑菇。低温环境下，生长出来的香菇香气浓郁，肉厚味美。如果天气忽冷忽热，香菇的菌盖表面就会裂开形成花纹，变成"花菇"。香菇不仅可以新鲜食用，还可以做成干香菇储存起来。

大寒前后的重要节日——小年

农历腊月二十三是北方的小年，腊月二十四则是南方的小年。传说，这一天是灶王爷上天见玉皇大帝的日子。"二十三，糖瓜粘"，为了让灶王爷在玉皇大帝面前为主人多美言几句，人们在这一天会用又黏又甜的糖瓜供奉灶王爷。

汉字里的大寒

| 甲骨文 | 金文 | 小篆 | 隶书 | 楷书 |

甲骨文的"年"，上面是一棵垂着谷穗的禾苗，下面是一个人，像人背着已经收割的成熟谷物。"年"最初就是五谷成熟的意思。

| 甲骨文 | 金文 | 小篆 | 隶书 | 楷书 |

甲骨文的"乳"，是一名跪坐着的女子双手环抱小婴儿的形象，她正在给婴儿喂奶。"乳"的本义是哺乳。

古诗词里的大寒

雪梅

〔宋〕卢梅坡

梅雪争春未肯降，骚人阁笔费评章。

梅须逊雪三分白，雪却输梅一段香。

大寒吟

〔宋〕邵雍

旧雪未及消，新雪又拥户。

阶前冻银床，檐头冰钟乳。

清日无光辉，烈风正号怒。

人口各有舌，言语不能吐。

自制麦芽糖

麦芽糖吃起来很甜,但制作时并没有加糖。那它的甜味是从哪来的呢?亲自动手做一次就知道啦。

① 准备约50克小麦粒和500克糯米。

② 将小麦粒浸泡一夜后,平铺在纱布上,每天浇水让小麦发芽。注意避光。

③ 麦芽长到约3厘米时,取出洗净,切碎。

④ 先把糯米煮成饭,晾到不烫手后,再把麦芽碎放进去,加入一点儿水,拌匀。

⑤ 放进电饭煲里,按"保温"键,发酵6~8小时。

⑥ 用纱布挤出汁水,将汁水放进锅里熬煮,直至变得黏稠。麦芽糖就做好啦。

特别提醒 全程要在家长的帮助下进行,尤其是切麦芽,一定要小心。

大寒美食

腊肉

腊肉是很多地方过年时必不可少的年货。天气寒冷,光照充足,腌制的腊肉更容易保存。

俗语谚语里的大寒

小寒大寒,冻成一团

小寒和大寒是一年中最冷的时候。听名称,会觉得大寒比小寒更冷,但根据我国气象资料记载,大部分年份里,小寒的气温反而低于大寒。

寒冬不寒,来年不丰

对于小麦等越冬作物,冬季的寒冷能够控制它们的生长速度,这对它们反而有利。如果冬季太暖和,麦苗生长过旺,后期反而容易遭受冻害。而且,冬季不够冷,也会让来年的病虫害更加严重。

考考你

从超市买来的鸡蛋可以孵出小鸡来吗?

好了，关于二十四节气的知识就讲到这里了。小朋友，小仙女的问题你都回答出来了吗? 二十四节气小仙女都回家了吗?

部分"试试看"和"考考你"答案

第44页"花果大配对"

第56页"六谷连连看"

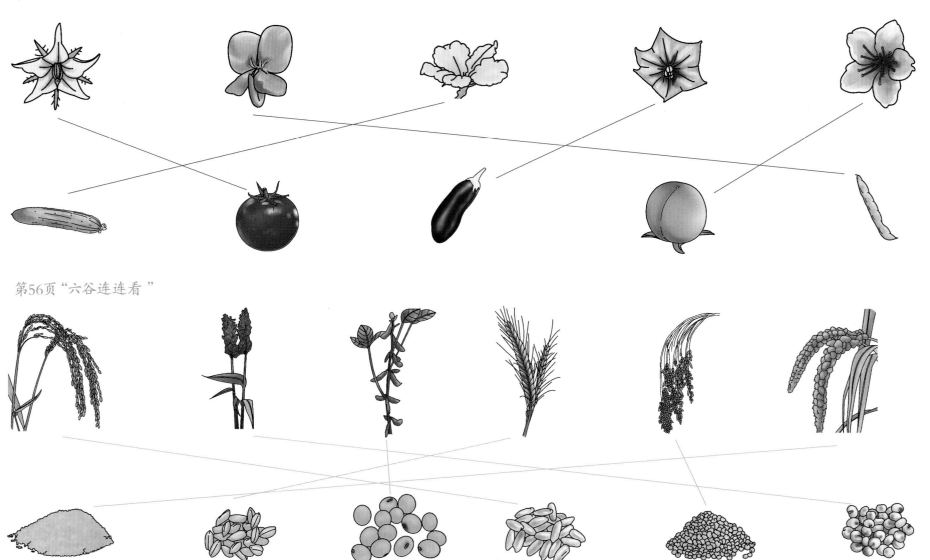

第76页"考考你"

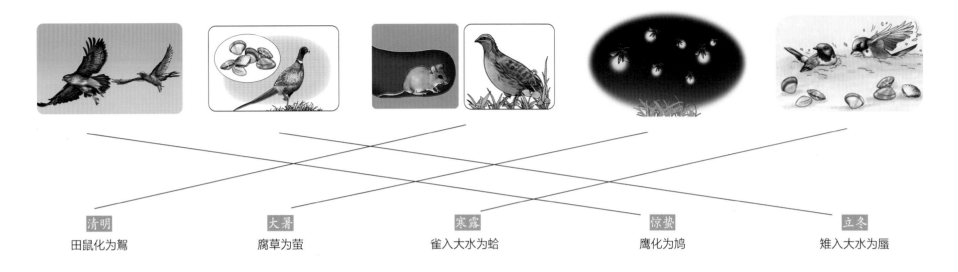

清明	大暑	寒露	惊蛰	立冬
田鼠化为鴽	腐草为萤	雀入大水为蛤	鹰化为鸠	雉入大水为蜃

第88页"考考你"

夏至（A D F）　　冬至（B C E）

A. 北半球正午物体影子一年中最短　　B. 北半球正午物体影子一年中最长

C. 北半球白天的长度一年中最短　　D. 北半球白天的长度一年中最长

E. 北半球太阳直射地球的位置到达最南端——南回归线

F. 北半球太阳直射地球的位置到达最北端——北回归线

第92页"考考你"

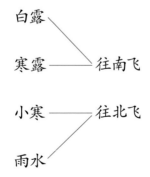

白露

寒露 —— 往南飞

小寒 —— 往北飞

雨水

后记

你知道了关于二十四节气的很多秘密

亲爱的小朋友，读完这本书后，你就知道了关于二十四节气的很多秘密，比如每个节气都有什么样的含义，天气会怎样变化，植物会如何生长，小动物们又是怎么活动的，还有我们能吃到哪些美食，能和爸爸妈妈一起动手做哪些活动……相信这些丰富多彩的知识和活动能让你大开眼界，也许你还会由衷地发出感慨：哈哈，二十四节气就是这么有趣！你瞧，你和本书作者、编辑小姐姐的想法是一致的，这就是我们期待的阅读效果，书名也是这么来的。

为了让大家了解到的知识更加准确，我们特地邀请了中国农业科学院农业环境与可持续发展研究所的陶毓汾爷爷对全书内容进行了严格的审定。陶爷爷写过《二十四节气与农业生产》《节气 气候 农业》等很厉害的专著，是我国老一辈研究二十四节气的专家。在此，特别感谢陶爷爷为本书提出宝贵的修改建议。另外，要感谢徐若涵小朋友为本书提供欢欢和嘻嘻的故事创意，给二十四节气增添了神秘和惊险的元素；感谢自然教育老师严美鹏一丝不苟地讲解知识，感谢著名漫画家苏凝老师精心绘制插画；同时感谢杨倚天、张芃、周淼为本书所提供的帮助。

如果小朋友们读了《二十四节气就是这么有趣》这本书后，比以前更加关注大自然了，更加喜欢中国传统文化了，那我们一定会非常高兴的。

中华书局编辑部

二十四番花信风

小寒：一候梅花，二候山茶，三候水仙

大寒：一候瑞香，二候兰花，三候山矾^{fán}

立春：一候迎春，二候樱桃，三候望春

雨水：一候菜花，二候杏花，三候李花

惊蛰：一候桃花，二候棣^{dì}棠，三候蔷薇

春分：一候海棠，二候梨花，三候木兰

清明：一候桐花，二候麦花，三候柳花

谷雨：一候牡丹，二候荼蘼^{tú mí}，三候楝^{liàn}花

从小寒到谷雨，一共有八个节气，每个节气有三候，每一候对应一种盛开的花。

图书在版编目（CIP）数据

二十四节气就是这么有趣 / 严美鹏文 ; 苏凝绘. —北京 : 中华书局, 2021.9（2024.12重印）
ISBN 978-7-101-15288-3

Ⅰ.二… Ⅱ.①严… ②苏… Ⅲ.二十四节气—儿童读物 Ⅳ. P462-49

中国版本图书馆CIP数据核字（2021）第150528号

书　　名	二十四节气就是这么有趣
文　　字	严美鹏
绘　　图	苏　凝
绘图监制	中版集团数字传媒有限公司
责任编辑	杨旭峰
封面设计	王铭基
责任印刷	管　斌
出版发行	中华书局

（北京市丰台区太平桥西里38号　100073）
http://www.zhbc.com.cn
Email:zhbc@zhbc.com.cn

印　　刷	中煤（北京）印务有限公司
版　　次	2021年9月第1版
	2024年12月第2次印刷
规　　格	开本/889×1194毫米 1/16
	印张7 插页4 字数12千字
印　　数	10001-13000册
国际书号	ISBN 978-7-101-15288-3
定　　价	68.00 元